U0215322

中国国家公园丛书

SHANHE BIAOLI

山河表里

— 祁 连 山 —

安意如 著

中国林业出版社
China Forestry Publishing House

出版人

刘东黎

策划

纪亮

编辑

何增明　孙瑶　盛春玲

张衍辉　袁理

总序

一

我国于2013年提出"建立国家公园体制"，并于2015年开始设立了三江源、东北虎豹、大熊猫、祁连山、海南热带雨林、武夷山、神农架、香格里拉普达措、钱江源、南山10处国家公园体制试点，涉及青海、吉林、黑龙江、四川、陕西、甘肃、湖北、福建、浙江、湖南、云南、海南12个省，总面积超过22万平方公里。2021年我国将正式设立一批国家公园，中国的国家公园建设事业从此全面浮出历史地表。

国家公园不同于一般意义上的自然保护区，更不是一般的旅游景区，其设立的初心，是要保护自然生态系统的原真性和完整性，同时为与其环境和文化相和谐的精神、科学、教育和游憩活动提供基本依托。作为原初宏大宁静的自然空间，它被国家所"编排和设定"，也只有国家才能对如此大尺度甚至跨行政区的空间进行有效规划与管理。1872年，美国建立了世界上第一个国家公园——黄石国家公园。经过一个多世纪的发展，国家公园独特的组织建制和丰富的科学内涵，被世界高度认可。而自然与文化的结合，也成为国家公园建设与可持续发展的关键。

在自然保护方面，国家公园以保护具有国家代表性的自然生态系统为目标，是自然生态系统最重要、自然景观最独特、自然遗产最精华、生物多样性最富集的部分，保护范围大，生态过程完整，具有全球价值、国家象征，国民认同度高。

与此同时，国家公园也在文化、教育、生态学、美学和科研领域凸显杰出的价值。

在文化的意义上，国家公园与一般性风景保护区、营利性公园有着重大的区别，它是民族优秀文化的弘扬之地，是国家主流价值观的呈现之所，也体现着特有的文化功能。举例而言，英国的高地沼泽景观、日本国立公园保留的古寺庙、澳大利亚保护的作为淘金浪潮遗迹的矿坑国家公园等，很多最初都是传统的自然景观保护区，或是重点物种保护区以及科学生态区，后来因为文化认同、文化景观意义的加深，衍生出游憩、教育、文化等多种功能。

英国1949年颁布《国家公园和乡村土地使用法案》，将具有代表性风景或动植物群落的地区划分为国家公园时，曾有这样的认识："几百年来，英国乡村为我们揭示了天堂可能有的样子……英格兰的乡村不但是地区的珍宝之一，也是我们国家身份的重要组成。"国家公园就像天然的博物馆，展示出最富魅力的英国自然景观和人文特色。在新大陆上，美国和加拿大的国家公园，其文化意义更不待言，在摆脱对欧洲文化之依附、克服立国根基粗劣自卑这一方面，几乎起到了决定性的力量。从某种程度上来说，当地对国家公园的文化需求，甚至超过环境需求——寻求独特的民族身份，是隐含在景观保护后面最原始的推动力。

再者，诸如保护土著文化、支持环境教育与娱乐、保护相关地域重要景观等方面，国家公园都当仁不让地成为自然和文化兼容的科研、教育、娱乐、保护的综合基地。在不算太长的发展历程中，国家公园寻求着适合本国发展的途径和模式，但无论是自然景观为主还是人文景观为主的国家公园均有这样的共同点：唯有自然与文化紧密结合，才能可持续发展。

具体到中国的国家公园体制建设，同样是我国自然与文化遗产资源管理模式的重大改革，事关中国的生态文明建设大局。尽管中国的国家公园起步不久，但相关的文学书写、文化研究、科普出版，也应该同时起步。本丛书是《自然书馆》大系之第一种，作为一个关于中国国家公园的新概念读本，以10个国家公园体制试点为基点，努力挖掘、梳理具有典型性和代表性的相关区域的自然与文化。12位作者用丰富的历史资料、清晰珍贵的图像、深入的思考与探查、各具特点的叙述方式，向读者生动展现了10个中国国家公园的根脉、深境与未来。

<h1 style="text-align:center">二</h1>

地理学家段义孚曾敏锐地指出，从本源的意义上来讲，风景或环境的内在，本就是文化的建构。因为风景与环境呈现出人与自然（地理）关系的种种形态，即使再荒远的野地，也是人性深处的映射，沙漠、雨林，甚至天空、狂风暴雨，无不在显示、映现、投射着人的活动和欲望，人的思想与社会关系。比如，人类本性之中，也有"孤独和蔓生的荒野"；人们也经常会用"幽林""苦寒""崇山""惊雷""幽冥未知"之类结合情感暗示的词汇来描绘自然。

因此，国家公园不仅是"荒野"，也不仅是自然荒野的庇护者，而是一种"赋予了意义的自然"。它的背后，是一种较之自然荒野更宽广、更深沉、更能够回应某些人性深层需求的情感。很多国家公园所处区域的地方性知识体系，也正是基于对自然的理性和深厚情感而生成的，是良性本土文化、民间认知的重要载体。我们据此确立了本丛书的编写原则，那就是："一个国家公园微观的自然、历史、人文空间，以及对此空间个性化的文学建构与思想感知。"也是在这个意义上，我们鼓励作者的自主方向、个性化发挥，尊重创新特性和创作规律，不求面面俱到和过于刻意规范。

约翰·赖特早在20世纪初期就曾说过，对地缘的认知常常伴随着主体想象的编织，地理的表征受到主体偏好与选择的影响，从而呈现着书写者主观的丰富幻想，即以自然文学的特性而论，那就是既有相应的高度、胸怀和宏大视野，又要目光向下，西方博物学领域的专家学者，笔下也多是动物、植物、农民、牧民、土地、生灵等，是经由探查和吟咏而生成的自然观览文本。

所以，在写作文风上，鉴于国家公园与以往的自然保护区等模式不同，我们倡导一种与此相应的、田野笔记加博物学的研究方式和书写方式，观察、研究与思考国家公园里的野生动物、珍稀植物，在国家公园区域内发生的现实与历史的事件，以及具有地理学、考古学、历史学、民族学、人类学和其他学术价值的一切。

我们在集体讨论中，也明确了应当采取行走笔记的叙述方式，超越闭门造车式的书斋学术，同时也认为，可以用较大的篇幅，去挖掘描绘每个国家公园所在地区的田野、土地、历史、物候、农事、游猎与征战，这些均指向背后美学性的观察与书写主体，加上富有趣味的叙述风格，可使本丛书避免晦涩和粗浅的同类亚学术著作的通病，用不同的艺术手法，从不同方面展示中国国家公园建设的文化生态和景观。

三

我们不追求宏大的叙事风格，而是尽量通过区域的、个案的、具体事件的研究与创作，表达出个性化的感知与思想。法国著名文学批评家布朗肖指出，一位好的写作者，应当"体验深度的生存空间，在文学空间的体验中沉入生存的渊薮之中，展示生存空间的幽深境界"。从某种意义上来说，本书系的写作，已不仅关乎国家公园的写作，更成为一系列地域认知与生命情境的表征。有关国家公园的行走、考察、论述、演绎，因事件、风景、体验、信念、行动所体现的叙述情境，如是等等，都未做过多的限定，以期博采众长、兼收并蓄，使地理空间得以与"诗意栖居"产生更为紧密的关联。

现在，我们把这些弥足珍贵的探索和思考，用丛书出版的形式呈现，是一件有益当今、惠及后世的文化建设工作，也是十分必要和及时的。"国家公园"正在日益成为一门具有知识交叉性、系统性、整体性的学问，目前在国内，相关的著作极少，在研究深度上，在可读性上，基本上处于一个初期阶段，有待进一步拓展和增强。我们进行了一些基础性的工作，也许只能算作是一些小小的"点"，但"面"的工作总是从"点"开始的，因而，这套丛书的出版，某种意义上就具有开拓性。

"自然更像是接近寺庙的一棵孤立别致的树木或是小松柏，而非整个森林，当然更不可能是厚密和生长紊乱的热带丛林。"（段义孚）

我们这一套丛书，是方兴未艾的国家公园建设事业中一丛别致的小小的剪影。比较自信的一点是，在不断校正编写思路的写作过程中，对于国家公园自然与文化景观的书写与再现，不是被动的守恒过程，而是意义的重新生成。因为"历史变化就是系统内固定元素之间逐渐的重新组合和重新排列：没有任何事物消失，它们仅仅由于改变了与其他元素的关系而改变了形状"（特雷·伊格尔顿《二十世纪西方文学理论》）。相信我们的写作，提供了某种美学与视觉期待的模式，将历史与现实的内容变得更加清晰，同时也强化了"国家公园"中某些本真性的因素。

丛书既有每个国家公园的个性，又有着自然写作的共性，每部作品直观、赏心悦目地展示一个国家公园的整体性、多样性和博大精深的形态，各自的风格、要素、源流及精神形态尽在其中。整套丛书合在一起，能初步展示中国国家公园的多重魅力，中国山泽川流的精魂，生灵世界的勃勃生机，可使人在尺幅之间，详览中国国家公园之精要。期待这套丛书能够成为中国国家公园一幅别致的文化地图，同时能在新的起点上，起到特定的文化传播与承前启后的作用。

是为序。

刘东黎

2021 年 6 月

目　录

山河表里

祁 连 山 ▲ ⏶

仙米
林场 ▲ ▴

七月的时候，来到门源。

《日月》再版时，做封面的照片摄于此地，大片的金黄背后，是巍峨轻灵的祁连雪山，有一位穿绛红僧衣的喇嘛走过，这一幕被摄取下来，成为记忆中最潋滟的画面。

高原的夏天，有姗姗来迟的春意。绵延百里的油菜花海，金黄明艳，迥异于江南与云南的浩荡，是一场尘梦的出尘之处。

作别了鳞次栉比的梯田村落，人的气息在云起风落时隐没了，唯有远处雪峰明亮如烛，照亮前路。要前往的地方是仙米国家森林公园，又称仙米林场，距西宁一百多公里，位于门源县东，是祁连山国家公园的一部分。

林区南北宽55公里，东西长95公里，土地总面积14.8万公顷。北与甘肃武威地区的西营河林场接壤，东与甘肃天祝县毗邻，南与青海互助北山国家森林公园相连，西与门源东川连接，是青海最大的原始林区。

比起青海湖和茶卡盐湖的声名在外，这片得天独厚的林区，仍算得游客少至的地方，保留了原始的厚重与静谧。植被类型垂直分布的分异性极为明显。由下而上依次为阔叶混交林带—针阔混交林带—针叶林带—高山灌木林带—高寒草甸带。我不是熟悉植物的人，但可以认出，青海云杉、祁连圆柏、杨柳、白桦，还有报春、迎春和杜鹃，这些植被层层错落，妆点出千峰叠翠，万壑松风。

"新晴尽放峰峦出，万瀑齐飞又一奇。"时有蜿蜒河沟，在乱石中潺潺越过，那飞瀑虽不似李白所言的飞流直下三千尺，亦算得激流。行走其间，会有寻仙问道之感。

　　若非亲至，难以想见高古如青海亦有如此秀媚的所在。千岩竞秀，万壑争流，草木葱茏于其上。祁连山南麓的风光，依稀有江南的风景曾旧谙。"好雨疏疏压暮埃，断云漠漠带轻雷。"同样的细雨缠绵，落在高原便有沧海云深的壮阔。

　　风光之美，有人居是烟火点染，无人居是浑然天成。一旦这宁静过于完整，人的出现就很突兀。我想我与那误入山中的樵夫的不同之处在于，是我有意为之，知晓这秘境之美。在深远的山野里，静默地移动，想要亲近的，是它的美，不想冒犯的，是它的清净，犹如接近一位降临凡尘的神女。怎样小心翼翼，依然觉得惴惴。

　　仙米地处青藏高原向黄土高原的过渡带，有接近2000米的相对高差，属于高寒湿润气候，山地寒凉，谷地温暖。受冷龙岭、达坂山两大山系和浩门河（大通河）影响，水资源十分丰富，冰川溶水成为多条河流的发源地，明涌暗流，滋养出的多种多样的植被和蓊郁的森林。又使得生态稳定，冰川、雪岭、飞瀑、温

泉、湖泊、水库交相辉映，奇峰、怪石、幽谷、溶洞参差其间，更显出风光独绝。

"云青青兮欲雨，水澹澹兮生烟。"那云岚升腾处仿佛有仙。此地知名的溶洞灵泉，多与格萨尔王的神迹有关，英勇又不失香艳。身而为人（为神），情是无法根除的顽疾，温柔了人间，明媚了圣地。所以格萨尔王也有明妃，有隐修和沐浴之地。

林木如瓷，时光之水被封存至今，剔透如琥珀，我偏爱无人处的流光潋滟，贪看那飞瀑流泉，碧绿冰湖，心慕那日照雪岭，茂林繁花。还要什么翡翠、钻石、钗环呢？世间器物，颜色形态之美，无非是对自然的想念和复刻罢了。

空气清冽，视线前所未有的清晰。远方积雪的群山，苍茫邈远，如巨龙腾空而落。峡谷深邃，天空明净，仙米有少女般的朗朗生机，触目皆翠，山花欲燃。见过了百里油菜花的铺陈，原以为短时间内不会被花色惊动，孰料此处杜鹃花硕大艳美，白紫相映，亮如星辰，让人难以忽略。闪念间想到聊斋中的花仙，再给它们百年，应该可以修炼成人形吧。

近处林深静谧，阳光在枝叶间起落，点点光斑翩跹如蝶，簌簌掉落的松果有湿润的潮气，拾起几颗放在车上，带回家装点茶席，也是旅行的纪念。我们像松果一样的人生，曾高悬于枝头，努力要抵达更高远的地方，然而最终只是坠落，落得个咫尺安然，同样是不错的处境。

穿行在林海湖畔，像游荡在梦境的边缘。群山之中，丛林深处，还生活着岩羊、马鹿、白唇鹿、黑颈鹤、蓝马鸡等珍稀动物。人只是偶尔踏足桃源的过客，古松、山花、异兽、珍禽才是自在主人。

朋友去拍黑颈鹤和斑头雁，我在车上等得睡着了，醒来时黄昏深了一些，而夜色尚浅。我喜欢这样的时刻——独自面对、拥抱世间的时刻，像一朵花将阖未阖，一首诗欲言又止。

山河表里

祁　连　山　▲ ⛰

祁　　连　　草　　原

祁连
草原

　　山河大地沉浸在冰凉的夜色中。山路漫长、四周骏黑，车前灯只能亮照着十米开外的地方。奇妙的是这个时节青海总在下雨，雨声淅沥，恍惚中有江南的缠绵情味。

　　原本步履清晰的车在黑暗中变成摆荡的浮舟，小心翼翼。夜雨打在车窗上，点滴诗行，蜿蜒流下时，似匈奴人失去祁连山后的深长叹息。"失我焉支山，使我嫁妇无颜色。失我祁连山，使我六畜不蕃息。"这是幼时读诗时不能忘却的悲歌，《匈奴歌》和汉乐府里的其他哀吟，在我心中形成了漫长的情感拉锯。

　　一方面是欣喜汉军大张旗鼓进击复仇、扬眉吐气，令张狂了许久的匈奴失去了挥鞭断流的骄横；另一方面，是心疼这好战民族的普通百姓，觉得他们也情有可原。匈奴的经济主要形态是放牧。失去牧场和牛羊，便如中原人失去了耕地和粮食。汉朝与匈奴的争夺，表面看来，是帝国领地的争夺，究其本质是生存资源的争夺，孰是孰非，难以一言论断。

他年赤笔写青史，几度苍龙战玄黄。面对嗜血好战的民族，一味地忍让必然是不行的，然而因征伐衍生出的"非我族类，其心必诛"的观点，同样是荒谬残忍的，就算是同族的人、家人夫妻也会有不一样的想法，难道都要一一质疑消灭吗？从古至今，抹去成见，无论是对个人、民族或是地方文化，都是值得深思践行的事。

两千多年前的祁连山下水草丰茂，和阴山一样是天然的优良牧场，在汉军夺取河西之前，祁连山下的原住民是黄河上游河湟谷底的羌人，月氏人侵占了这片沃野，然后是冒顿单于率领匈奴人夺取了月氏人的领地，将祁连山、合黎山以北的土地划分为右贤王辖地，远居蒙古草原的右贤王又以焉支山为界，将辖地分给了浑邪王和休屠王。

在霍去病挥戈千里，一年两战，率领汉军收复河西走廊的荣光背后，是匈奴人痛失祁连福地的悲呼。匈奴人称祁连为天，祁连山是他们心中的天之山。又因祁连山位于河西走廊之南，汉代典籍里称之为南山。所谓马放南山，指的应该是霍去病在这里建立的山丹军马场。武威出土的马踏飞燕的铜塑，是彼时人对天马最浪漫的想象。

霍去病活了24岁，是最年轻的军神。他风驰电掣的一生，最好的时光都在祁连山脉策马奔腾，追逐着匈奴人。他死的时候，据说祁连

八一冰川（才项当知 摄）

山山谷巨石崩裂，他亡故之后，汉武帝将他的坟墓修成了祁连山的模样。

我曾因为边塞诗而格外留意祁连、天山这些字眼。"祁连"二字犹如藏族的弦子、蒙古的马头琴，一旦拨动就溢出苍凉的韵调。而今烽烟都消沉，单于的霸业和军神的神威都回归到祁连山宽广的怀抱中，尘归尘，土归土。只是在当时，为国为家，不得不寸土必争。

凌晨时分抵达祁连县，一直固执地觉得岑参说的"今夜宿祁连"说的是这里。这里和直通张掖的俄堡镇一样，是我魂牵梦萦的小城，在雨中显得安静又乖巧，那些曾经燃起的烽烟、响起的鸣镝都沉隐在山河中。

隐约的灯火给人亲昵的孤独感。入住的旅馆灯光黯淡，被褥薄冷，水箱里的热水不足，放弃了洗澡洗头的计划，简单洗漱完毕后看了几页《夜航船》，做一个富贵闲人容易，做一个曾经富贵，后遭忧患，在乱世中还对生活保持赤诚之心的人殊为不易。

文采斐然、知识渊博且八卦的张岱提到祁连山有一种仙树，果实像枣，用竹刀剖开味道是甜的，用铁刀剖开味道就是苦的，用木刀剖开味道就是酸的，用芦刀剖开味道就是辣的。琢磨了半天，印象深刻地睡去。

早起朋友问我睡得如何，我笑道很好。有些地方，它若过于富丽堂皇，设施周全，反而令人诧异不适，我们此时的俭薄和奔波，尚不及古时军士劳苦之万一。这条路张骞走过，玄奘走过，霍去病走过，隋炀帝走过。我们今日还能途经一二，已经很有意义。

舒适不是人生必需的诉求。庆幸自己在很年轻的时候，就结交了一批精力充沛、热爱自驾的朋友，经验丰富的他们总能在最好的季节，选出最好的路线去玩赏。跟着他们披星戴月、翻山越岭，才称得上不枉此生。

驱车去卓尔山看日出，出门时寒星闪烁，斜月远淡。到达山顶时，天空呈现蛋壳的青色、粉嫩的薄红、继而霞光葳蕤、烟霞如焚。卓尔山是看日出的好地方，山顶平坦、视野开阔，对面是被藏民称为"阿咪东索"的牛心山。在内蒙古额济纳旗，有一座山叫狼心山，除却名字太像的缘故，还因为祁连山流出的黑河，使得我总是先将牛心山、狼心山联想在一起，而非近在咫尺的卓尔山。

卓尔山是红色砾岩的丹霞地貌，被称为

"美丽红润的皇后"，而与之隔着八宝河相对的牛心山，是格萨尔王降妖伏魔的地方。在山上有林立的玛尼石堆，藏区的百姓习惯以山为神，以石垒作玛尼堆祈福。乃是因为石头是最易得之物，俯拾皆是，取而供之，既有念念不忘的虔诚，又可心无挂碍。

新春萌万物，入夏百花鲜，金秋红叶艳，隆冬冰裹岩。人说牛心山一山可览四季之景，我只看到了夏季草原的葱茏，也觉得满足。雨后的祁连草原分外清冽，风吹草低间，仿佛还可以看到匈奴的骏马、吐蕃的牛羊。

放牧的人，有飞鸟一样矫健的身姿，晨曦般闪亮的笑容。不是不苦的，但是辽阔之地，让人身心开阔。雪域和草原是我心中最适合隐居的地方。在透彻的阳光下，冰凉的雨水里，酷烈的风沙里，人的意念会被消解锻造，唤醒纯澈的灵魂。

喜欢简单的事物，干净通透，也喜欢复杂的事物，曲折迷离。其实我喜欢的是祁连山，祁连自古以来就是多民族杂居，历史如山体褶皱一般深长的地方，有阅尽千帆后不动声色的气度。

中国人在推介某个地方的特点时，会有懒惰附会的习惯，套用桃花源、塞上、江南、东方瑞士等评价。情感的关联性固然能够让人快速认知陌生的事物，可也难免有面目模糊的弊端，成为群体无意识的一种。其实也能够理性，大部分人大多数时候都是人云亦云，看个热闹。哪怕有审美，也存在滞后性，需要宣传和炒作来巩固。

在这雷同的人间，对于美，不单要记取，还要学会分辨。对比同样的风景，在不同地方呈现的效果和微妙差异，是旅行的乐趣，也是认知得以深入的方式。如同扫荡了西北餐桌的羊肉一样，新疆、内蒙古、宁夏的草原从表面看来，无一例外碧绿辽远。

能够区别它们的，除了地理的差异，还有人文的不同。地域所承载的，除了暴露在表面的风光和风物，还有隐匿的精神信仰，这才是值得挖掘的秘密。在领略差异之后，抹去地域文化的界限，会得到更完整的洞彻。

青稞翻浪，油菜金黄，从王洛宾邂逅藏族放牧的姑娘，写出《在那遥远的地方》的金银滩草原到祁连县的祁连草原，若再算上自汉以来养军马场的山丹县军马场，肃南县康乐草原。祁连山麓的草原不止于草深花茂，不止于浩荡丰饶，还有千秋万载跌宕出的沧桑。

对一个文字工作者而言，最难精准描述的，不是美，而是沧桑。面对祁连的时候，我无可避免地觉得自己是在瞻仰一位自洪荒中诞生的古神。无端的悲怆浮涌心头，会觉得力不从心，沧海桑田是它的本像，风云跌宕是它的经历。而我所看到的，听闻的，写下来的都是浮皮潦草的表象。

想看清一件事，了解一座山的来龙去脉并不容易。匈奴人歌谣中所唱的祁连，是狭义上的祁连山，包括甘肃省和青海省交界处自东向西的冷龙岭、走廊南山、托莱山、托来南山和大雪山等一线山脉。而广义上的祁连山，是一片巨大绵延的山脉，东西长1000公里，南北宽300公里，东起乌鞘岭的松山，西到当金山口，北临河西走廊，南靠柴达木盆地的整个山脉山系，包括拉脊山、

祁连山（脱兴福 摄）

日月山、青海南山、哈尔科山、柴达木山等。

　　自有比祁连更高峻神圣的山脉，譬如喜马拉雅和昆仑，却难有似它这般独绝的地理位置和切实的作用。在我看来同是王者级别的山脉，祁连山是务实的，统领西北的年轻王者，审时度势合纵连横。西联新疆，南挽青藏，南迎世界屋脊，北育河西走廊，将中国西北和中原联为一体的魄力非比寻常。

　　如果没有祁连山，内蒙古高原的巴丹吉林和腾格里沙漠会和柴达木盆地的荒漠连成一片，五大河流所繁衍出的绿洲河西走廊和东西方文明交流的通道——丝绸之路将不会存在。绵绵古道上，驼铃不会响起，战马无从奔腾，此地不会繁衍出灿烂的历史文明。

　　"马上望祁连，奇峰高插天。西走接嘉

峪，凝素皆青云。"嘉峪关，我很小的时候慕名去过，只剩一座似是而非的城楼，后来就不特地去了。

从青海到甘肃，路上我一直在想，倘若没有祁连山这座天然屏障，西北的历史和生态会是怎样？或许真的是黄沙万里，满目荒凉吧。从联接西域与内地以及促进东西方文化交融的作用上来说，祁连山的作用远远高于中国境内的其他山脉，说它庇护了青海，塑造了甘肃，并不夸张。

祁连山脉以西，紧邻库木塔格沙漠，山脉以北，是北山戈壁和巴丹吉林沙漠，山脉以南，坐卧着干旱的柴达木盆地，山脉以东，则是黄土高原，发源于祁连山的水，是这片"荒漠湿岛"的生命之源。

两千多年前的祁连山以其融水呵护着河西

走廊，到今日，祁连山仍是维系河西468万人民、70多万公顷耕地、几百个工矿企业的命脉所在。一念至此，便对祁连山充满感恩。天地无亲却无私哺育有情，只看人能不能领会。祁连山是宝山，但人心贪欲难抑，要保护祁连山脉的生态环境，就必须对工矿采挖和随意放牧有所遏制，这也是国家公园成立的意义。

看到车前的月色，婉转如歌，想起李白的诗："明月出天山，苍茫云海间"。月色是极好的致幻剂，令古今的时间和距离变成咫尺，化为虚无。李白诗中的"天山"，有人说是新疆的天山山脉，也有人说，指的是这条斜卧于青海和甘肃交界处的祁连山脉。

从地理特征和作用上来说，天山和祁连山真是兄弟一样的山脉，它们都是伸向沙漠的湿岛，若不是沙漠阻隔，便可以拥抱在一起。古人在祁连山的护卫下走向新疆，又在天山的护卫下，走向帕米尔高原，走到更远的地方，获取了更多的文化，这就是沙漠湿岛的不可取代之处。

祁连山也好，天山也罢，都不是一座山的名字，而是由多个平行山脉和宽阔的谷地组成的山脉。深入到祁连山中，才知道祁连山根本不是我看着地图想象出的狭长单体山，而是群龙集聚，万山纵横。

海拔4000米以上的山地面积占整个祁连山区的三分之一，海拔5000米以上的高峰有26座。高山与极高山截住高空的气流和云团，发育出3306条冰川。祁连山的冰川属于大陆性冰川，对气候变化敏感度低，属于相对稳定的冰川，是河流水量的稳定剂。自太平洋上远道而来的东南季风，裹挟着暖湿的水汽，在祁连山的阻拦下耗尽了最后的力气。我国东部季风区与西北干旱区的分界线，就在祁连山的中部。

祁连山在垂直分布带上差异明显，这种独特的地理大环境，有助于祁连山在周围营造属于自己的地理小环境。动植物种类极其丰富，从东到西海拔为2000~5000米，海拔递增的效果就是，东部有蓊郁茂密的森林，中部有辽阔的草原、草甸湿地，西部有陡峭的彩丘丹霞荒漠戈壁，一言蔽之，就是各色地貌应有尽有。

前往黑河峡谷的路上，看见兰新高铁的动车经过祁连山2号隧道，我们停车注目，全长9.49公里的祁连山2号隧道属于"碎屑流"地段。在如此高海拔且有"地下泥石流"之称的地质条件下建设高铁几乎是不可能的。然而中国的高铁建设者们还是解决了高原隧道掘进难题。与这份工程难度相对应的，还有对嘉峪关明长城的保护，建设者们为了保护长城，建设了一个距离长城底部3米、长300多米的地下隧道，高铁由此穿过长城，形成十字形的交汇。这是现代的匠心，对古老文明最诚挚的礼敬。

2014年通车的兰新高铁，是继青藏铁路之外的另一条天路，也是自驾之外，最能体验丝绸之路的路线。这一路千里风光，古人要冒着生命危险跋山涉水走上许久，而如今坐揽山河，朝发夕至，是不能不让人兴奋赞叹的。

只是快捷，同样需要有深厚的知识作为给养，否则只是走马观花。在浩瀚的史料中，寻找到与内心呼应共生的部分，秉烛而游，是幸福的事。

山河表里

祁连山 ▲ ⛰

黑河 ▲▴

黑河大峡谷的山光水色，与仙米峡谷又有不同，虽都是绿意染衣，山势却变得峥嵘，水流更加峻切。狼奔豕突的峡谷，群峰错落，是雄浑与苍茫、逼仄与幽深的交融。

据说这里是野生动物栖息的天堂，有雪豹、岩羊、马鹿、藏野驴、野牦牛等，水里还有一种珍稀鱼类——祁连裸鲤……想寻见它们要往深处去，路上能够见到的，是敏捷的藏狐和打着滚的旱獭。比起这些探头探脑的小可爱，我暗自留心的是，沿途这条叫黑河的河。

若是用地图去搜索的话，黑河会首先出现在黑龙江——然而比起黑龙老李的土味传说，还是祁连山的黑河更深得我心。

当它流过甘肃高台县镇夷峡（正义峡）后，它的下游有了更动人的别称：弱水——

"弱水三千，只取一瓢"的弱水。

古人用弱水泛指险而湍急，不能用舟筏，只能用皮筏渡之的河流。当它摇身一变成为一条代表爱情的河流时，一切的艰难险阻仿佛都有了在水一方的隐忍和浪漫。

联想的力量不容小觑，譬如《红楼梦》如果直愣愣叫《石头记》的话，知名度和销量应会大减，如果叫《风月宝鉴》又很可能被误伤划为艳情小说……当我知道弱水就是发源于祁连山的黑河时，我对它的好奇，与日俱增，只增不减。

《尚书·禹贡》记载大禹到此治水："导弱水，至于合黎，余波入于流沙"，就是大禹把黑河引到东侧的合黎山，最终汇入了内蒙古的居延海。我不信以古代的交通条件可以跑这么远。上古没有文字,《禹贡》是后人攒的,大笔一挥把从东南到西北治水的功绩都归在禹王名下。藏族人则相信黑河奔涌至此,前路阻滞,格萨尔王挥舞宝剑劈开了山谷,救赎了百姓。无论如何,能够带领人们战胜自然,获取安居之地的,都是神一样的英雄人物。

正经说来,黑河发源于祁连山南麓中段,由祁连山上的冰雪融水汇集而成,先向东南流经祁连县,然后向北冲出祁连山,奔入河西走廊,由张掖市向西北流经高台县,最后向东北注入内蒙古额济纳旗居延海。当年霍去病就是沿着黑河直捣匈奴王庭,缴获祭天金人,成就了数千年来武将心中的至高荣誉,辛弃疾词中向往的"封狼居胥"。

黑河是居于塔里木河之后的中国西北地区

黑河聚龙峡大拐弯（脱兴福 摄）

第二大内陆河，流经青海、甘肃、内蒙古三省区。以莺落峡以上为上游，莺落峡至正义峡为中游，正义峡以下为下游。在黑河中游，有张掖黑河湿地国家级自然保护区，穿梭于东亚和印度之间的候鸟们抢占滩涂，以此为第二故乡或中转站。每年有几十万只候鸟从这里迁徙，种类多到十个指头数不过来，数量多到足以让密集恐惧症患者望而却步的程度，却是我爱好拍鸟的朋友一心要去盘桓的圣地。

比起极为珍稀的黑鹳，我更喜欢黑颈鹤。鹤姿态优美、秉性高洁，在汉文化中，与青松同列，有松鹤延年的美好寓意。在藏文化中，仙鹤同样是吉祥鸟，专情且坚贞。仓央嘉措诗中，借他一双洁白翅膀，让他去往理塘的仙鹤，就是黑颈鹤。

芦苇飘雪，白鹭翻飞，落日熔金，散落湖面。西北的落日厚重，水泽也疏阔。听保护区的朋友介绍，湿地对生物多样性保护、调节径流、改善水质、调节小气候起着关键的作用。经过多年的悉心呵护，黑颈鹤终于从十多年前的不足百只繁衍成了一百多只，在保护区没有完善之前，想必数量只会更少，其他鸟类的处境也差不多。

是从什么时候开始，人类开始认为生存是一件轻而易举的事情呢？我们一边厌弃着城市化高科技带来的孤独和疏离，一边心安理得地享受着水泥丛林高楼坚屋带来的安全感。要回到大自然之中，冷眼旁观才明白，生态链是脆弱的，生存从来都是危机四伏的。在鸟类繁衍的季节，只要牧人出现得肆无忌惮一些，雌鸟产下的卵就会被羊踏破，继而被牧羊犬吃掉，在自然之中，永远存在着弱肉强食的铁血规律。

也许如今，确实没有了冷兵器时代动辄血肉横飞的战争，可是人类对动物的戕害，对自然的掠夺，在法律监管不到的地方，依然是那么触目惊心，残酷直白。人类大部分时候都在做着自食其果的蠢事，却不相信因果。

祁连山中没有张岱记载的仙树，却有许多矿藏，其中一种就是大名鼎鼎的祁连翠——是墨玉的一种，会被打磨成大名鼎鼎的夜光杯，从古至今，这些天然的财富都会引起人们的觊觎。如果说古代限于人力和技术的桎梏，基于对天地神灵的敬畏，对自然的掠夺尚属可以修复、循环的限度内，那么现代人用机器采挖，就属于丧心病狂，竭泽而渔了。

土地沙化、草场退化、河道损毁断流，看到这些报道时，我好像看到了长生不老的祁连山肉身在衰败。

没有什么天长地久的事，海枯石烂倒是很快。

祁连山生态环境的危机，引起了国家的重视和有识之士的忧心，国家为此关停矿场、采砂场，调节水源，设立了诸多的湿地保护区和国家森林公园。在我所知的范围内，从青海到甘肃，有三江源国家公园、天峻布哈河国家湿地公园、黑河湿地国家级自然保护区，除了之前提到的仙米、祁连山东部青海省境内，还有北山国家森林公园、群加国家森林公园、坎布拉国家森林公园等。许多林业工作者和我认识的志愿者们，数十年如一日地投身于生态环境保护的工作中。

从三江源到八一冰川，这不是一份游山玩水、指点江山的闲差，我们看到的是山河之美，他们看到的是山川之危。拿着微薄的薪资，靠着心中的信念，顶风冒雪，巡视维护。在不修边幅的外表下，举重若轻的笑谈中，我看到的是和战士守卫疆土一样坚韧不拔的心。

人是会让人失望的，可是令人永怀希望的，同样是人。

湿地公园里有荷花，实属意外之喜，结果就是，朋友结伴举着长枪短炮悄咪咪去拍鸟，我独自留在那里看荷花。荷花是很神奇的花，明明花叶满当当，却让人心生静远之意。夕光微坠间，想起书上记载，古代文人雅士临水宴饮，或取盛开之荷做酒盏，或用荷叶做酒器，名为解语杯，皆是取荷之冷香清气，以佐酒兴。

这样随手可得的碧筒杯，比精心打磨的夜光杯更值得称赏。此外赏荷，还是人少为佳。

黑河聚龙沟大峡谷（陈光 摄）

黑河大峡谷（陈光 摄）

山河表里

祁　连　山

张　　　　　　　　　　　　　　　　　　　　　掖

张掖 ▴ᴬ

朋友留在湿地拍鸟，我独自去了山丹，那马蹄踏碎胭脂的地方。我看见汉长城的遗址蜿蜒在茫茫荒原上。荒草和不开花的马兰，是它衰败的身躯上为数不多的装饰。有流泪的冲动，人造的长城与天生的祁连山生出了生死相依的情义。

曾经那样的敌对，至死方休。也在绵绵岁月中和解，那些埋葬在此地的枯骨，游荡在风沙中的亡灵，应该都可以安息，泯了恩仇吧。

回到张掖，去了大佛寺和甘州古塔朝拜，两处都不虚此行。张掖以佛塔众多扬名河西，《甘州府志》称其城："一城山光，半城塔影，连片苇溪，遍地古刹"。这一川好风景，令我神往了多年。

事实上，张掖不仅是边塞诗的常客，<u>丝</u>

绸之路上佛教东传的重镇，西域乐曲输入的大户，还是南北朝时汉文明的避风港，在战乱中保留了中原文化火种的沃土。如果非要说缺点，那就是吃食的水平可以再提升一下，毕竟是古城么……

晚间回到宾馆，抄录一些诗词，本是资料里看到的诗句，我拿来做了集句："弱水西流接汉边，绿杨荫里系渔船。不望祁连山顶雪，错把甘州当江南。稻花风里稻花香，妾去采花郎插秧。两行高柳沙淀暗，一派平湖水稻香。"

顺完之后，读了一下，觉得后面四句还颇有竹枝词的感觉。结果整理到"紫燕衔泥穿曲巷，白鸥冲雨过横塘"时忽然走神想起陶渊明《拟古》中的几句："少时壮且厉，抚剑独行游。谁言行游近？张掖至幽州……不见相知人，惟见古时丘。"

兀自错愕了一下，我原以为想起的会是岑参、高适、陈子昂，毕竟他们都有从军北征的经历，是与张掖因缘更深的诗人。陈子昂还在这里考察防务，上书武后，准备大展拳脚，只是未遂。

近年来，我对陶渊明有了更深的兴趣。他的诗文会不时出没在脑海中，孤凉、柔软、狷狂、倔强兼而有之。他是一个简单又深刻的人。

真是感慨啊，那曾经壮志凌云、抚剑远游的少年，在岁月消磨中，慢慢退居成一个要为生计发愁的隐士。其实也不是不好，只是希望他的生活更好一些，像陶渊明这般际遇的人有很多，似他这般真正出色的却不多。乱世终究还是未曾给他曾祖陶侃那样建功立业的机遇，亦不曾给他外祖父孟嘉那样的名士之名。在当时，他定然是潦倒落寞的。不知道他对着南山赏菊的时候，会不会想起遥远的祁连，那片也叫南山的地方。

有些远方，到不了，忘不掉，有时候，往事太远，尘埃太厚，诗比历史更真实。

为了接下来的旅程，又查看了一些黑河的资料，看似平平无奇的黑河是平平无奇的维稳小天才，所到之处皆是传奇。冲出莺落峡的黑河，毫不吝啬地滋养着焉支山，成就了山丹军马场，造就了河西走廊最大的城市——"张国臂掖，以通西域"的金张掖—— 一片丰润的绿洲，性情温良的城市。

在我看来，河西四郡合在一起才达到张中

国之臂的作用，祁连山无私地奉献自己，哺育出绿洲，抵挡住沙漠的侵袭，为中国拽回了一个新疆。没有祁连山，就没有河西。没有河西走廊，就没有了丝绸之路。

河西走廊很窄，丝绸之路很长。

将黑河称为河西走廊的母亲河虽然有点俗，却俗得实至名归，中国但凡有点名头的河都是雌雄同体，又当爹又当妈（通常是战乱时当爹御敌，太平时当妈养家护儿女），黑河和它的姐妹（兄弟）党河、疏勒河、石羊河、北大河等支流一起联手哺育出让汉武帝热血沸腾摩拳擦掌、志在必得的河西四郡。它一手看顾的大儿子张掖让后来隋炀帝在此召开的"世博会"更有排面，小儿子居延海是巴丹林吉林沙漠中一枝独秀的存在，默默延续着祁连山化生

万物的悲悯。

低调的黑河低调地流，沿岸有低调的黑水国和黑水城，这两个地方都是军事要塞，很容易搞混。我是分别去过之后才分清。黑水城在内蒙古，为西夏所占据，一度成为西夏对抗蒙古的重要堡垒。而黑水国在张掖，历史更为古老，也是屡经争夺，一笔烂账，归属难清。

最开始是匈奴人的故地，后来被月氏人占据，月氏人最强盛时，匈奴亦不得不送质子求和，后来冒顿单于"鸣镝弑父"，自立为大单于，几年后率部匈击败月氏，杀月氏王，将其头盖骨拿来做酒器。月氏人被匈奴打败后，分为两部，大月氏西迁中亚，小月氏留了下来，或迁居伊犁河谷，或与敦煌之地的百姓杂居。流血漂杵的鏖战之后，冒顿单于如愿以偿，称

雄草原，指派浑邪王驻扎张掖，即黑水国都
城一带，算是匈奴的城市化建设渐成规制的
时期。

　　牧人吹响骨笛，故里的狼烟，再次成为
人间烟火。毋庸讳言的是，匈奴人任性的放牧
方式对土壤的伤害很大，那时人又没有环保意
识，大约从东汉末年开始，黑水国生态破坏，
饱受沙尘侵袭，逐步沦为荒漠区和半荒漠区，
此后的岁月里，几经沧桑，偶有好转。但黑水
国终成黄土废墟，晚清民国嬗递之际，黑水国
遗址屡遭盗掠，如今总算否极泰来，被划为国
家重点文物保护单位。

　　遗址处，野草漫过城墙，黄沙掩映下的残
垣断壁，有说不出的凄惶萧瑟。金月黯淡，人
事如沙，每座城市，就像每个人一样，多少都

带着伤痕。

其实张掖有令人惊叹的彩丘——丹霞地貌，有游客蜂拥而至的国家地质公园。夕阳残照间，是气势恢宏，金碧辉煌，美到顿然失语，只能用"造化之功"来顶礼膜拜的美景——剖开人间深处，山之美，竟然还有如此裸露明艳的一面。从丹霞的形态上可以看出时间的痕迹，宛如看到一个人从年轻到年老的全部轨迹。

然而比起丹霞彩丘的奇崛，我还是对黑水国的残破沉默念念不忘。像展开一幅从火中抢出的残卷，站在那里，身心战栗，涌起久远的悲凉：荒草淹没了马骨，月光吸纳了大地的光芒。那些短暂如春花的静好，那些无能为力的背井离乡，那些无法停止的杀戮盗掠，都还隐约在目。脚下的沙，填埋了尘世的忧戚，指间的风，却还沾染着望乡的心碎。

抱着怀古的心情，去了扁都口，山体上硕大的扁都口三个字，丑得让人忍俊不禁。227国道顺畅得让人震惊，沿线一派田园风光，有着红色屋顶的民居，像红色的蘑菇，平淡而鲜艳，金黄的花朵，游吟着盛开在绿色的祁连山上。

蜂群飞舞，放蜂者在远处的树下悠闲地晒着太阳，时日如金，将普通的日子都镀成了诗。

青草披离的祁连山轮廓分明，骨肉匀停，曲线迷人，引诱着人一亲芳泽，我险些联想不出，这是当年风雪凄迷，隋炀帝豁出老命才走出的扁都口啊！其实要往群山深处去，进入峡

冷龙岭（脱兴福 摄）

谷，才可以看到更险峻的风光，走回到真正的古道上去，才可以寻回张骞、霍去病、玄奘、法显当初的足迹。但是无所谓了，我喜欢它此刻显露的柔情蜜意，人畜无害。

斗转星移间，昔日征战的细节难免被遗忘，胜败也化作几声长叹唏嘘，被铭记的，是那些在岁月中凝固的地名、人名。人的处境有高有低，与起伏山岳有着类似之处。"会当凌绝顶，一览众山小"，是借山而生的抱负。世事无常，亦不妨碍有志之人聚沙成塔，建立如山功业，将风骨铭刻青史，矗立天地之间。

这趟旅程本就是我一厢情愿的寻梦之旅，现在所能到达的扁都口，哪怕是幻觉，都已经很满足。

人有时会对陌生的地方有特殊的感应，一

直觉得曾有在此戍守厮杀的前世，内心渴望挣脱这片修罗场，灵魂却忍不住怀念这里的高山大岭。这缕残念勾得我每每念及祁连，心头便会涌起难共人言的激荡。时至今日，尽管已经往来多次，当我走过古道关隘，还是会有一言难尽的眷恋和敬畏。

祁连如神，是这样仁慈宽容多情，又是这样冷漠地俯视着苍生。羌、氐、汉、匈奴、鲜卑、吐蕃、突厥，再强悍的民族，再激烈的刀兵相向，在它眼中都只是儿童的嬉戏吧。

星河低垂，山河奔涌，城池兴起又废弃。心怀烈焰，举身赴死，热血化作霜雪。人消散在风中时，与草木的枯荣无异。

万物生长升腾归于大荒，寂灭之后又自虚空生起，这就是轮回。

亿万年前，山脉从海水中隆起，亿万年后，这里不知会变成什么模样。我们又是怎样的存在。

庄子说，"朝菌不知晦朔，蟪蛄不知春秋。"有时会灰心，不得不承认，人是历史的见证者，又是时间的弃儿，大部分的书写和记录，都是追溯，为了挽留那吉光片羽的存在。

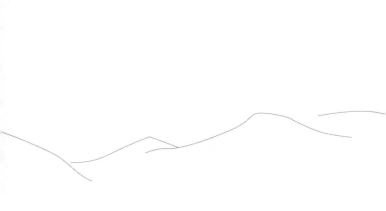

山河表里

祁连山 ▲ ⩗

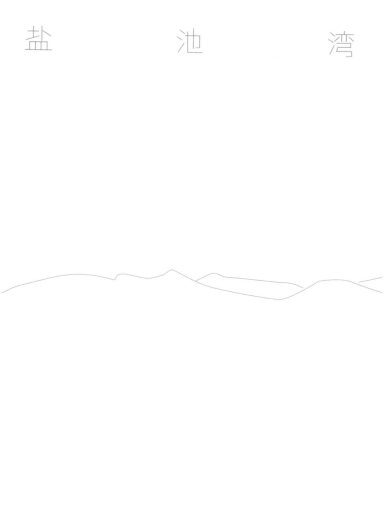

盐 池 湾

盐池
湾

祁连山麓越往西越荒凉，而我向往的，恰好是这种荒凉。一路见证了林木成荫，繁花似火，山泉成湖，现在终于要去看万峰素洁的冰川。

原本计划去瞻仰的黑河源头八一冰川申请通行证时遇到点问题，遂改道盐池湾。我对盐池湾的好感来自党河，它是党河的源头，而党河滋养着敦煌、举世无双的敦煌。

就是这么个亲密的关系。

盐池湾荒漠自然保护区面积嗷嗷大，保护区内的透明梦柯冰川，荣登中国最美六大冰川之一。"透明梦柯"是蒙古语，意为高大、宽广，不是"透明"的意思。

总之这个名字起得十分迪士尼，十分梦幻，令我十分向往，而且据说车能直接开到距离冰川只有50多米的地方，实在是方便得不得了。更一举数得的是，盐池湾内峡谷冰川、高寒草甸、滩涂沼泽、奇花异草、珍禽走兽应有尽有，堪称祁连山西部风光集萃——超级豪华大礼包，不去简直岂有此理。

盐池湾的中文名字很"赶客"，蒙语名字却和"透明梦柯"一样引人遐想，叫作"夏日格勒金"，寓意太阳的光芒。至于透明梦柯冰川的中文名么，叫作老虎沟冰川，这个名字真是和盐池湾一样直白得让人只能叫好。

朋友鼓励我勇敢地从冰川上滚下来，完成作死的壮举，我鼓励他拿起在张掖拍坏的镜头继续奋斗，争取有生之年能拿到《中国国家地理杂志》的摄影稿费——多年老友，互相挤对，也是精准打击。

深深觉得这一路是在复习高中地理，水平地

带性、垂直地带性、东南季风，这些词在我脑海中上蹿下跳，当初要是有这种读万卷书、行万里路的毅力，文科成绩应该可以更加"鸡立鹤群。"

等看到盐池湾的森林带，我已经可以淡定地分辨出半山腰的林木是四季常青的祁连圆柏，并且知道这是西祁连干旱区特有的一种植被分布现象。随着海拔的抬升，降水量会逐渐增加，到达某一高度后，又会逐渐减少，在山中那个降水量最大的海拔高度带，就会有植被或森林出现。

天地辽阔，大地纹路深长，峰回路转间，蒙古包出现在道路前方，牦牛和羊群远看像岩石般坚定。闪烁着微光的小花，背靠着乱石，不屈不挠地开在草滩上。一只蓝马鸡出现在眼前，姿态悠闲得很，要不是它有蓝色的过于美丽的羽毛，我还以为是牧人放养的，结果又被朋友嘲笑，你见过这么高冷的鸡吗？

无法反驳，人家确实是生活在高海拔高寒山区高冷的鸡啊！

越是靠近冰川的核心区，越是碎流浅滩，乱石如斗。浅绿的草坡变黄变秃。深绿的森林，温柔的炊烟、驳杂的人迹都消失了，灰色的碎石成了路的主色调。山壁阻碍着视线，除了厚厚的雪，间或露出的只有斑驳的、灰褐色的山岩。

车窗外飞雪皑皑，在藏区待的时间长，对夏日飞雪这种事情早已见惯不怪。不是什么冤情，纯粹是天气顽皮。顽皮的后果是车速变缓，上了锁链的车轮碾过地面的时候，有微妙的刺激。比起冰雪路段，碎石嶙峋的搓板路算是小儿科。

雪飘飘洒洒落下的时候，觉得祁连山在笑，

笑着诉说千古心事，只是人太年轻识浅，听得不甚明了。

雪停之后，重新启程。天空苍蓝，愈显深邃，乱云飞渡，如在眉睫。巨大的冰川矗立在眼前，高于天接，看见冰川心生的渺小感和看见雪山不一样。冰川更华丽直接，美得让人束手无策，心生荒寒的同时，又觉得如坠仙境，虽死无憾。

从绒布冰川、海螺沟冰川，再到透明梦柯冰川，走得远了，看得多了，会发现晨曦与晚霞是不同的金粉色，而冰川的蓝有深浅不同的层次，每种变幻都称得上随心所欲、不可复制。

喜欢日出与日落时明暗交接的时刻，日光与雪光交叠，时而妖艳轻佻，时而孤绝纤美，都是美而寻常的时刻。阳光轻盈如羽翼，缓缓拂过眼睫，仰望冠盖缟素的冰川，看得久了，有瞬间失明的错觉。在刹那降临的黑暗中，想起《宋云行记》里记载富汗北部兴都库什山地区风土的名句："风雪劲切，人畜相依。国之南界有大雪山，朝融夕结，望若玉峰。"借来形容祁连西部也是契合的。

祁连山区平均雪线高度是4700米，在4700米以上的山峰上，普遍发育着冰川。河西走廊五条河流的流域内共有冰川2166条，这些冰川的夏季融水是河西走廊和柴达木盆地各个河流水源的主要"收入"。

祁连山64%的冰川分布在盐池湾保护区内，河西走廊河流分布的均衡，实际上要归功于冰川分布的均衡。五大河流源头都是冰川，越向西，冰川对河流的补给作用越大，降水只是辅助。然而令人忧心的是，随着全球变暖趋势的加剧，祁连山的冰川已经出现了普遍的缩减，如果变暖趋势蔓延下去，祁连山中的一些小型冰川将会彻底消失。

这是令人骨头发冷的噩耗。不由想到佛经里说的天人五衰，虽然知道因果循环、无常永在，还是希望咫尺之遥的敦煌莫高窟里的诸佛能够听到人的祈愿，认可人的忏悔、改变和努力。

幸好有了保护区和国家公园，幸好人们已经意识到问题的严重性，我们掐断的，是自己和后人的生命线。我们必须努力改变因果。

自然赐予的，自然会随时会收回。人类挥霍的，人类愿重新找回来。希望还来得及。

山河表里

祁　连　山　▲ ⛰

河西四郡

河西
四郡

这些年，习惯以兰州或西宁为中转去往河西走廊，陆续见证了草原花开到胡杨林万树缀金的过程。

空山无人，水流花开，徜徉在广袤的天地中，看着天地间的颜色从靛绿转为赤金，层叠交错，如霞光变幻。

人似一粒流沙，一颗草籽，一片树叶，感受时间的慢缓与迅疾，还有，那无所不在的寂寞与安宁。

少时在江南，对着窗外的丘陵残绿，总疑惑前人描述欠当，因眼前秋意甚短浅，不显深浓。

那时的生活，乍看春意欣荣，却深藏衰败的忧患。周遭的人都前赴后继，按既定的路线走完一生，并不能做到心无怨怼，只是习惯了麻木接受。

回想起来，我自幼即是情心淡的人，远于亲友间的热闹，看身边人事总有疏影横斜之感。不是讨厌，只是难以同乐，对他们有疏远歉意，也不知从何说起。

后来读经，看到"一切恩爱会，无常难得久。生世多畏惧，命危如晨露"，心头震动，悲从中来。是从那时开始，有了清晰的意识——现世并不安稳，倘若就此随波逐流，我不甘愿。

读多了经史，愈发确认，比起改朝换代的帝王、荣显一时的显宦、名动天下的才子，我至心思慕的是鸠摩罗什、法显、玄奘这等风骨皎皎的人，为了求法求真，九死不悔，矢志不渝。因为这些如星如月的大德高僧，张掖（甘州）、酒泉（肃州）、武威（凉州）、敦煌（沙州）、玉门关、阳关这些地名才更熠熠生辉。只要想起这些地名，心口就会发烫。

有一种说法是，甘肃省名，就是取自于张掖和酒泉古称的首字。我默默想了一下，叫凉沙好像确实不太庄重。

我亦曾坐火车经兰州，过武威、张掖、酒泉抵达敦煌。坐火车的感觉犹如行脚僧，一路旁观常人的生活，携家带口，苦乐交集，仿佛看见无形绳索，将人捆绑，庆幸自己生起了解缚的觉知，同时也祈愿更多人能离苦得乐。

看到酒泉的站牌，想起往事。父亲是爱喝酒的人，对我说起过酒泉得名的传说：相传征战至此，当地百姓献上美酒。李广不愿独饮，下令将酒倒入城中泉中，与将士共饮，此地遂由姑臧改名酒泉。后来，林则徐贬谪伊犁，左宗棠抬棺出征收复新疆全境，皆经此地。如今，这里最著名的是卫星发射中心。

千年了，人们的目光早已从地面的疆域扩展到太空。这也使得酒泉具备特殊的张力，有他处难及的神秘感。

想当初武帝出兵对抗匈奴，得胜之后先后建立了武威、张掖、酒泉、敦煌四郡，史称"河西四郡"。这四郡地名彰显出汉王朝遥扼制衡西域的决心。武威、张掖皆是军容盛烈之态，敦煌亦为盛大之意。其时名将辈出，武星闪耀，卫青、霍去病等悍将将匈奴逐至大漠以北，武帝"列四郡，据两关"，在敦煌西北面设置了玉门关，在西南面设置了阳关，控扼两道出入，保障商旅安全。

这两个名关的设立，同样没有离开从祁连山上流下来的河流，玉门关紧邻着疏勒河，阳关和敦煌一样靠的是党河。

玉门关因于阗等地的玉石由此入关得名，这里是通往西域的必经关隘，中土的丝绸、瓷器、茶叶等物由此西行，而西域的音乐、良马、香料、果蔬亦由此关传入，阳关因在玉门关之南，被称为阳关。

元鼎二年（公元前115），汉武帝再遣张骞出使，此次出使与第一次的狼狈波折不同。玉门关以西，葱岭以东的西域三十六国闻风归顺，交好于汉王朝。从此以长安、洛阳为起点，经河西走廊、新疆，越葱岭的丝绸之路开辟了，这一历史事件在敦煌323窟的壁画中有生动呈现。

继汉武陈兵之后，称得上承前启后，改变丝绸之路格局的大事是炀帝西巡。杨广的好大喜功和穷兵黩武与汉武帝刘彻有神似之处。比武帝更夸张的是炀帝西巡，他浩浩荡荡领着十万人从长

祁连山（脱兴福 摄）

安吭哧吭哧到了张掖（甘州），开了个"进博会"，亲切接见各路使节，给予丰厚的赏赐，盛情邀请他们顺着丝绸之路去长安。

每每写到杨广时，我就会老生常谈地感慨：世人皆知李世民被突厥人尊为"天可汗"，却少有人知，杨广亦被尊为"圣人可汗"，突厥人表示千秋万世愿常与大隋典羊、马。

"肃肃秋风里，悠悠万里行……树兹万年策，安此亿兆生。"身为历史上跑得最远的皇帝，杨广经营西域的策略，为唐所沿袭，有海纳百川之心，刚柔相济之策，方可铸就盛世太平。

以帝王之尊御驾亲临，杨广经营西域，开发河西的用心不言而喻，他也是虔诚的佛教徒，早年在江都受戒，研习《法华经》，仅《法华经》他就手抄了一千部。杨广被称为"住持菩萨"，在他的支持下，隋朝莫高窟的开窟造像达到了空前的规模。

隋朝只有短短37年，营建洞窟却达101个，隋窟的形制、品质都异常精美。论及丝绸之路的昌荣，敦煌的兴盛，只谈汉唐，避谈杨广的功绩，是不大公允的。

身在敦煌会觉得时日清旷丰饶。这小城有着不谙世事的率性，又深具看淡世事的沉着。这和它的经历有关，自汉武帝收复河西以来，位于河西走廊最西端的敦煌由地广人稀的边远之地一跃成为门户重镇。西汉政府采取屯田制，专设"河渠卒"负责灌溉，大力开发敦煌等地。此后中原大乱，河西之地相对安稳，许多中原人避乱迁居于此，倾力耕作，潜心治学，使得敦煌经济、文风蔚为昌盛。

历史书中此起彼伏，叫人挠秃头，记不清国号的十六国时期，中原大地烽烟四起，乱成一锅粥，敦煌亦不能免于战火，在刀锋上滚了无数个来回。不过好在统治此地的少数民族都十分尊崇汉文化，懂得尊重保护知识分子。于是乎，大量的中原文士、僧侣，世家大族西迁陇右、河西，以至于敦煌的汉文化水平，不单不逊于衣冠风流的东晋，反而传抄至南朝，深入影响北朝，进而为隋唐文化奠基。

五凉皆短促。十六国时期，河西一代政权更迭频繁，时局动荡不安。东来西往的行脚僧滞留于此修塔建庙，译经讲法，培养学僧，成为促进北方佛教发展的重要原因。在我的记忆中，除了玄奘之外，与弘扬佛法有关，挥之不去的名字有：佛图澄、道安、竺法护、竺法乘、鸠摩罗什、昙无谶、法显。他们都是活跃在河西一代的高僧，这些人舍身为道，以无比的信心和毅力，救度世人，即使以黄金铺满大地，也无法报答智者的恩德。

少读《金刚经》未解义趣，只觉辞深意美，对姚秦三藏法师鸠摩罗什升起清凉信心，后来仔细研读了他的经历，对他更加感佩，那一年特地到武威参拜了鸠摩罗什寺。

修行道上从没有一蹴而就，开始是坦途后面亦会暗藏波折，道心坚定如鸠摩罗什，在弘法之路上也磨难重重。他被吕光挟持到武威（凉州）十六七年，困居于此，不能脱身。在凉州划地为王的前秦大将吕光虽然奉苻坚之命攻打龟兹，将鸠摩罗什抢到手，却不是崇信佛法的人，他让鸠摩罗什游街示众，骑未被驯服的野马，以羞辱这位前龟兹王孙、名满西域的高僧取乐。即使是后来，吕光被鸠摩罗什的修为气度折服，还是会强迫为他自己的"霸业"提供建议。

从被苻坚惦记上之后，事态的每一步恶化，对鸠摩罗什而言都是磨难考验。吕光逼他破戒娶妻，折辱于他，他未记恨，被困凉州十余年，他未蹉跎，潜心学习汉语，乃至于精通，他吃的苦铸就了将来恢宏的译经事业。即便是后来被姚兴迎请到长安，不得不再次破戒，他也从未动摇弘法利生的愿心。

跪在罗什塔前至心顶礼大译师，为他一生的广大善行而热泪盈眶，个人得失如昙花朝露。我生有尽愿无尽。愿生生世世逢善知识，受正法教。愿度众生，至虚空尽。

回到敦煌，去了莫高窟。莫高窟位于敦煌市东南25公里的沙漠中。站在三危山前，想起另外一位僧人，他远不及鸠摩罗什有名，却是当之无愧的莫高窟创始人。

前秦苻坚建元二年（366），僧人乐僔行经三危山下，时值黄昏，落日余晖打在山壁上，金光璀璨，天上祥云涌动，如散花雨，乐僔于禅定之中恍惚听见梵呗破空而来，出定之后他决定在三危山上建造洞窟，以此为乐土修行，此为敦煌石窟凿建之始。

乐僔开凿的石窟，是普通的禅修洞窟。后来，越来越多经历了战乱流离的人，感受到生命的无常，为求现世安稳喜乐，来世福报，出资在此开凿洞窟，请匠人塑造佛像、画师绘制壁画，虔心供养。

这殊胜的缘起，众善的跟随，使得佛光从此笼罩三危山。

祁连山金塔寺风光（脱兴福 摄）

黄沙不掩莲心，秋风漫舞飞天，每一处洞窟都有了故事，每一粒尘埃都成了传奇，这里就是《法华经》中所言的化城，如同217窟所绘的《化城喻品》。

《化城喻品》用李思训的青绿山水笔法，绘一群旅人去远方寻宝，历经了千难万险，众人疲惫不堪，心生放弃之念。这群人的导师健壮，幻化出一座城池，城中亭台鲜妍，楼阁富丽。众人欢欣异常，被舒适的生活吸引，生出长居于此的念头，导师见状，又将城池化去，告诉众人这座城池只是暂时休息的场所，万不可就此驻足，只有坚持不懈，才能到达终点，获得"宝藏"。最终，众人启程追随导师而去……

一雨长令草木萌，一心遂使化城倾。三千界里谁常在，来世原来是此生。

　　《化城喻品》是《法华经》中我最心悦的段落，大通智胜如来，寿五百四十万亿，化生国王，福德具足，宝相端严，有子十六人，皆具大善根，其国名好城，有此福报，仍精进修行，为诸善根作此法喻。

　　人人皆有摩尼宝珠，只因烦恼妄念不能寻得，化城处处皆是，只看你我有没有勇气走出。

　　从九层楼起蹑足轻行，我步入梦幻的世界，循着菩萨的微笑，飞天的舞蹈，供养人的祷词，潜回尘封岁月，探求千年的秘密。壁画上世界如幻似真，浓眉高颧的胡人举止昂然，汉人亦姿态娴雅，自信从容。战乱中的人，如沧海一粟，却活得热烈绚烂。那时的敦煌，今日的敦煌，都是最美的化城。

　　由莫高窟的经变壁画中瞻仰佛的一生，除了

《化城喻品》，我记忆最深的是158窟的佛涅槃，望着安详侧卧的释尊，感受壁画上诸弟子的悲痛，拘尸那迦城外，娑罗双树下的那一幕如在眼前。庆幸在千年之后，我还能跪在这里，睹佛容颜，受佛法教。

以法为师，以戒为师，释尊，您以肉身示寂，遍入虚空，从未离开。

如果是以猎奇的心态去玩赏，恐怕难免失望。经历了千年风霜波折，莫高窟和榆林窟里大多数的壁画都残损暗沉，不复美艳，尤其是17窟（俗称藏经洞）会让人心生含恨的凄凉，想起敦煌文物流失的开端。

从昏暗的洞窟里走出来，脑海中浮现《金刚经》里的句子："日光明照，见种种色"，感谢莫高窟的存在，让我明白这世间诸相纷呈、因缘起伏。需要有深远的定力和智慧去分辨善恶，需要培养强大的心念自我约束，才能一直走在正道上。

离开之后，我去书店买了很多书籍，带回宾馆看，心潮起伏，夜不能寐。

自1900年发现藏经洞，到1938年后画家李丁陇去敦煌摹写，接近四十年的时间中，敦煌艺术宝库的钥匙掌管在一位默默无闻的王道士手中。

后人惋惜敦煌文物的流失和损毁，然而自王道士发现藏经洞，迅速报官后漫长的七年中，当地官员及相关人士一直没有予以关注，更未有人关心过一个道士发愿重修石窟的心愿，如风烛般微小，在漫天风沙中飘摇。

直到1907年斯坦因到来，骗取了王道士信任，廉价购走了大批写本、绢画。最初的王道士，不应该背负那么大的骂名，在他眼中，斯坦因是为数不多肯听他倾诉的人，是值得信任的知己，慷慨的功德主。值得一提的是，斯坦因和王道士一样都是玄奘的超级粉丝。

不该只是站在历史的结局处，放声指责。当时历史选择的莫高窟守门人并不具备很高的智识，只是寻常道士，愚钝的修行人。如果他知道文物的价值，如果他真的贪婪，他可以索取更多的财物，然而他开始的时候仅仅是换取了一些生活用品，所得的钱财也用以清理修缮洞窟，种植防风林。

从斯坦因最开始的捡漏，演变到华纳尔等人的公然掠劫，不能说历史没有给我们留住文物的机会，只能说机缘不对，时局不对，阴错阳差，造成了至深遗憾。如果当时有一个类似林则徐这样的官员，恐怕也不至于如此。

华纳尔据说还是劝说美国政府不要轰炸京都和奈良的人。他对东西文明的交流保护有功绩，但对于莫高窟而言，他是不折不扣的侵略者。大谷光瑞、鄂登堡、伯希和等人亦如此。

近代中国文明在世界文明中的价值，主要靠艺术体现。后来，伯希和入京交流，显露了他搜刮到的敦煌手稿，引起中国学界的重视，经由著名学者罗振玉等人的呼吁，清廷学部正式接手敦煌文物。

清廷气数将尽之时，适逢殷墟书契、敦煌文物相继出世。风雨飘摇的政府，无暇兼顾这些珍宝，继被英法俄日美等探险队巧取豪夺去26000多件珍宝之后，清廷的官员百姓亦参与到掠劫敦煌文物，监守自盗的行列中……莫高窟与圆明园给人的遗憾类似。

卓尔山（才项当知 摄）

　　敦煌学的起复与振兴，冥冥之中交给了画家和艺术家，交付给那些用生命爱着敦煌，愿世代守护莫高窟的人，如常书鸿、段文杰、樊锦诗等现世菩萨。

　　敦煌若定若远，一信动经年，守护并非一人一时，而是代代传承之志之事。

　　碧空流云，漫天黄沙，我走在鸣沙山光滑的沙丘上，望着远处的月牙泉，一泓孤独的碧水，心有微澜。

　　鸣沙山与月牙泉是天造地设的虐恋情深，起风的时候，鸣沙山抑制不住思念，奔腾漫卷，到水边，又悻悻然收敛了行迹。任凭它造作疯癫，月牙泉都能面不改色地涵养包容。

　　月牙泉是党河水流出地表的遗存，古称"沙井"，自汉朝起为"敦煌八景"之一，名"月牙晓澈"，弯如新月，碧如翡翠，干旱不枯竭，风吹沙不落。月牙泉的泉水之所以能够出现在高大的沙丘之间，并且千年不枯，是因为祁连山的冰川融水渗入了地下，抬高了地下水位，这一带的沙丘下面藏着水。

离泉越近，记忆越浩瀚，仿佛霎时可以想起千年的往事。眼前的月牙泉和千年前驼队经过时早已不同。一曲胡笳向月吹，尘世中人怀揣梦想，跋涉万里，有人得偿所愿，亦有人亡于途中，终生不能返乡。在梦想和现实中颠沛流离，纵然获得惊人的财富和名望，仍非最终安乐。

秋云像流水一样涌动，落日旁有一枚精致皎洁的月……日落月升间，一千年过去了，故事还是那些故事，故事里的人，早已散落四方，轮回了百千遍。

山河表里

祁　连　山　▲🏔

青　　　　海　　　　湖

青海
湖

七月末的时候，青海湖边绿草萋萋，长成了连天接湖之势。

很多人觉得夏季的青海湖最美，是的。对于牧民来说，夏天他们会选择在山上放牧，好好养着青海湖边的草场，然后冬天，再回到青海湖边放牧。

去了青海湖这么多次，我也是写祁连的时候才发现，青海湖居然属于祁连山脉，它南边的青海南山不仅与祁连山走向相同，而且与祁连山脉的党河南山、哈尔科山相连。当我把青海湖纳入了祁连山脉，我才更清晰地意识到祁连山之逶迤辽阔。

我来得早了些，再过一个月，每年的秋天，塔尔寺以及青海湖附近的寺庙会联合起来在青海湖举行祭湖大典。这历史悠久的祭典，大约从汉代就开始了。天宝十年（751），唐玄宗敕封四方海神，青海湖被定为西海，封广润公，朝廷遣使礼祭，此为改遥祭为湖祭之始。到了清雍正二年（1724），因清军在此平定厄鲁特蒙古之乱，雍正帝再次敕封青海湖，赐神位，立碑建海神庙并诏令于农历七月十五定期祭海，其况盛大，至今亦然。

在青海湖边，我做了一个梦。湖天交接处，有一片绿草盈盈，如水茫茫。自那草原上打马而过的人，身披五彩霞光。我看不清他的容颜，无法走近他的身旁。他的身后仿佛还有很多人在呼喊，语调似悲似喜。

我怔忪着醒来，听到帐篷外风雨磅礴，下出了金戈铁马的阵势。六月的青海，一雨成冬，冷得猝不及防。想起我青海的朋友曾开玩笑说，青海是冬天加衣服，夏天加被子。过了一会儿，藏族大姐果真送了被子进来，往炉子里加了马粪，问我明早要不要吃面片汤。

我裹紧了被子，哆嗦着说好，待她离去后想延续上梦里的情节。可惜的是，无论我多么努力地想睡着，我的梦都被冻得戛然而止。

辗转反侧，索性穿衣起身，打开电脑，放出常听的那首《青海湖》，想趁着还记得，记下梦中闪过的画面。

梦中的人骑着马，不是只身远遁的仓央嘉措，更像是率部而来的吐谷浑。

对吐谷浑的念想还要从边塞诗说起，小时候读边塞诗一度读到热血沸腾，一恨自己不是男儿，二恨自己不生在古代，无法驰骋疆场。激扬又失落的心境，和某些无缘亲至战场，只能在诗歌中挥斥方遒、摇旗呐喊的唐宋诗人很是接近。

这当然充满着诗意的想当然，不是每个士兵都有机会建功立业，成为一身转战三千里、一剑曾当百万师的名将。残酷地说，一将功成万骨枯也需要机遇。更多的人，都只是战争下的劫灰，战场上的枯骨。

风送残念，关山月寒，他们的姓名只有回归故乡，在亲人的思念中才会慢慢显露出来。

边塞题材的诗歌在北宋一直是小众中的小众，非主流中的非主流，南宋词看似兴起军旅边塞风潮，却只是一小撮人北望中原的悲泣。

昔日追杀叛徒，只身夜袭，荣归故国的辛弃疾尚且只能栏杆拍遍，挑灯看剑，梦回连营，其他主战派的处境可想而知。心在天山，身老沧州是他们在那个时代逃不开的宿命。

古乐府里的边塞是黑色的，沉重如坟，诗是枯朽悲切的，充满了对战争的谴责反思，以及对生之哀苦的感怀。到了唐人笔下，边塞变成黄金台，白雪停息，云开雾散，生之哀苦也变成积极事功。这是时代给予人的信心和激情。

"大漠孤烟直，长河落日圆"——唐人写起边塞诗来，壮阔雄奇，山河如在掌中，天涯亦似咫尺。每个诗人都好似亲临了疆场一般，单于的铁骑在他们的笔下无所遁逃。

青海长云暗雪山，孤城遥望玉门关。

黄沙百战穿金甲，不破楼兰终不还。

——《从军行》其四

走廊南山（脱兴福　摄）

大漠风尘日色昏，红旗半卷出辕门。

前军夜战洮河北，已报生擒吐谷浑。

——《从军行》其五

拜王昌龄所赐，青海、玉门关、吐谷浑、楼兰，就这样生猛地闯入了我的脑海，时间愈久愈不可磨灭。

诗歌所牵引的，是流转千年的光阴，是一言难尽的盛衰。这些烽烟难泯的城隘，是宋人难以守卫的边城，却是唐人壮丽版图中必须征服、不可舍弃之地。

楼兰的遗址在新疆罗布泊，吐谷浑的故地就在我身边的青海湖畔。

说起吐谷浑，必须提到慕容吐谷浑。而说起慕容吐谷浑之前，必须先捋一捋慕容鲜卑的家史。

慕容吐谷浑世居辽东昌黎棘城（今辽宁义县），为慕容鲜卑部单于慕容涉归的长子，其弟慕容廆亦为一时人杰，率领慕容鲜卑于乱世崛起。慕容廆之子慕容皝承其基业，巩固了十六国中前燕立国的基础，也就是《天龙八部》中姑苏慕容复心心念念想要恢复的大燕。

鲜卑族是东胡的一支，依鲜卑山而居，以山为族号，战力极强，分裂出的部落也多，除了慕容鲜卑，还有拓跋鲜卑、段部鲜卑、乞伏鲜卑等，鲜卑诸部搅动之风云对中国古代历史影响极为深远，在此就不细述了。

这里单说慕容鲜卑。虽然身为庶长子的慕容吐谷浑的能力很强，但父亲慕容涉归更看重嫡子慕容廆，将单于之位传给慕容廆，只分给了慕容吐谷浑1700户人马。

及自慕容涉归亡故，慕容廆平定叔叔慕容耐的叛变后继单于位后，处境尴尬的慕容吐谷浑更加清晰地感受到来自弟弟的提防和戒备。

春时牧草初生，二部发生马斗。慕容廆为此怒斥慕容吐谷浑："先公分建有别，奈何不相远离，而令马斗！"吐谷浑怒曰："马为畜耳，斗其常性，何怒于人！乖别甚易，当去汝于万里之外矣。"于是率部远离故土。

《晋书》上的这段记载翻译过来就是，慕容廆说，父亲在世时已经划定了你我的牧场，给我们分了家，你为何不滚远一些，要近到让两部的马争斗起来。慕容吐谷浑愤然表示，马是牲畜，饮水争食是常性，你既然以此为由迁怒于我，那我就此离开，从此与你再不相见。

"（吾）当去汝于万里之外！"是掷地有

声的誓言！他也确实做到了。据说，当吐谷浑率部离开之后，慕容廆也曾心生悔意，派部下来劝返，吐谷浑说："那就看看这些马的心意吧，你们试着把它们往东赶，它们要回去，我就回去。"于是放马向东，可是头马领着马群往东走出数百步后，忽然转头向西，欷然悲鸣，声若颓山。

如此反复验之，总是如此。

见状，吐谷浑部更加义无反顾地踏上西迁之路，我认为，马不肯回，只是托词，慕容吐谷浑很清醒地意识到，一山难容二虎，即使回转，表面和解，来日亦难免兄弟阋墙，不如此时果断抽身离去。将性命托付给苍天大地，只要不死，总会有容身之地。

创业之难，古今皆同。已经很难具体地

想象慕容吐谷浑的西迁之路是多么艰险，他们顶风冒雪、辗转流离，先抵达内蒙古阴山脚下（今河套地区），这里水草丰美，是安居之地，然而早有拓跋鲜卑在此游牧多年。与拓跋鲜卑相比，吐谷浑部明显处于劣势。

慕容吐谷浑不愿仰人鼻息，率领族人再次出发，于公元313年。抵达甘肃临夏一带，随后再入青海东南部，与当地羌、氐各部互伐、融合，逐渐扩大疆域。

慕容吐谷浑率部出走的这一年大约是西晋太康七年（286）。在经历了30余年的迁徙之后，他终于得偿夙愿，为自己的族人和后代寻到了安身立命之地。

东晋建武元年（317），戎马一生的慕容吐谷浑在青海湖畔与世长辞，时年72岁。纵观他波澜壮阔的一生，于世可称枭雄，于族可当英雄之名。自踏上西迁之路起，前途叵测，备尝艰辛，肩负着族人的希望，内心再多忐忑，他也只能向前，不能回头。

所谓传奇，有时是被命运逼到无路可退后，闯出来的道路。他不只是要赌一口气，要成就一番功业，更要紧的是给族人一个交代和未来。

与慕容廆的后嗣建立了前燕一样，同样经略了三代，大约在东晋咸和四年（329）。慕容吐谷浑的孙子慕容叶延，以祖父的名字命名了族名和国名，正式建立了吐谷浑国。吐谷浑国自此延续了350余年，比之中原王朝的国祚更加绵长，若不是隋唐两代对其连续用兵，吐谷浑与吐蕃究竟谁才是青藏高原的霸主，尚未可知。

以汝之名，成吾国名，记汝功业，永世不忘。不只是吐谷浑人记住了这位开创者，后人亦将慕容吐谷浑的功绩载于青史，将其所领的慕容部，称为"西慕容"，与慕容廆的"东慕容"并称。

这一切，似乎印证了慕容涉归在世时卜筮的预言："您会有两个儿子，都能成大器，享受福祚，惠及子孙。"

然而当湖水与星辰一道涌入眼帘。我看见伏俟城只剩零星遗址，城垣残破几不可寻，昔日吐谷浑的辉煌王城，如白发老人，奄奄一息地蜷缩在余晖中。

长风猎猎，惹人惆怅。

每个民族或王朝都经历过崛起的艰难，奋

斗的辉煌。没有谁理所当然应该被征服，被毁灭，仅仅站在胜利者的角度去看待是不够全面的，即使最后，所有人事会随着历史的演进消解。

世间万物皆有生存的尊严和追求幸福的权利。这一点不容置疑。

青海湖澹美如常，如天的眼睛，神的凝视。不知它看尽了多少沧海桑田事，才换来这般不动声色。此刻我与它默然相对，一起回想那个已经消逝的世界。

千年前，吐谷浑率部而来的时候，也是这样牧草丰美、繁花似锦的夏天吧。他们在这湖边打马欢呼，庆贺新生。

如同江南用她特有的温软，抚平了无数文人的失意一样，青海湖也笑纳了这群远道而来的人，用阳光和风，疗愈他们离乡背井的暗伤。

吐谷浑人依湖而居，在铁卜加草原上建立了伏俟城——意为王者之城。国家和人一样，是经历和遗传特性的总和。他们利用这里得天独厚的自然环境养马，培育出举世闻名的青海骢。

有了良马，他们便有了与中原皇帝交好的筹码，也有了左右逢源自保的能力。或许，从马斗引发的争端开始，到群马悲鸣不肯东回，冥冥中，称雄于青藏高原腹地数百年的吐谷浑部的兴衰都与马休戚相关。

他们的故乡辽东自古以来就是秦朝放养、培育战马的地方，吐谷浑人移牧过的阴山和河西走廊，分别又是蒙古马、河曲马的产地，这

祁连山走廊南山（脱兴福　摄）

样的经历，使得他们最不缺乏育马、驯马的经验和高手。

如明代皇帝以茶驭番一样，吐谷浑人也采取了茶马互市的策略。他们还频繁地向中原皇帝贡马，获取生存空间。

这一切，有赖于青海湖的慷慨供养，青海湖中有海心山，每岁冬冰合后，吐谷浑人以波斯母马置此山中，至来春收之，马皆有孕，所生之驹，号曰"龙种"，必多骏异。

吐谷浑人将这种杂交马取名为青海骢，为吸引中原皇帝的注意，他们故意将青海骢说成是龙驹，这种虚假广告，收效甚佳，引得隋炀帝投了2000余匹波斯母马过来，结果自然是血本无归。我不知道，投资失利是否是促使隋炀帝怒而亲征吐谷浑的原因之一。

　　为了征伐吐谷浑，隋大业五年（609），隋炀帝亲率大军从大兴（西安）向西出发，入甘南，渡洮水，向西北进入青海境内。

　　这是中国古代统一王朝的皇帝唯一一次亲率大军跋涉在青藏高原的崇山峻岭之中。吐谷浑战败，从西宁北上经过大斗拔谷（今青海甘肃间的扁都口）翻越祁连山到达张掖后，隋炀帝接受了高昌王麴伯雅的朝见，高昌王向隋炀帝献出了位于新疆的大片土地，皇帝在那儿设置了四个郡：西海、河源、鄯善、且末。这是隋代疆土的鼎盛时期。

　　"青海湖上的大风，吹开了紫色血液。"是海子的诗句，在北方的语境中，海子也有湖的意思。那个微凉的夏天，参加完法会之后，我沿着青海湖，转去了德令哈，是专程为了海子去的。

　　姐姐，今夜我在德令哈，夜色笼罩

　　姐姐，我今夜只有戈壁

　　草原尽头我两手空空

　　悲痛时握不住一颗泪滴

　　姐姐，今夜我在德令哈

　　这是雨水中一座荒凉的城

　　除了那些路过的和居住的

　　德令哈……今夜

　　这是唯一的，最后的，抒情

　　这是唯一的，最后的，草原

　　我把石头还给石头

　　让胜利的胜利

今夜青稞只属于她自己

一切都在生长

今夜我只有美丽的戈壁，空空

姐姐，今夜我不关心人类，我只想你

——海子《日记》

这首诗叫《日记》，但很多人把它称作《姐姐，今夜我在德令哈》，是个美丽的误会。

一个孤独的男人，流落到一座荒凉的城，用雨水般的句子，写下惊雷般的思念。这思念流落荒原，不知去向。

他折身去了山海关

在黄昏时化作了一条铁轨

通向北方的原野

诗中的那夜，青稞疯长

石头坚硬，雨水成行

今夜，山道漫长，雨水依旧敲打着车窗

但我知道，这高原会雨过天晴

晨曦鲜亮，时日清长

想起他说：

千年后如若我再生于祖国的河岸

千年后我再次拥有中国的稻田

和周天子的雪山，天马踢踏

我选择永恒的事业

我们总是奋不顾身追逐梦想，又再不顾一切颠倒梦想。如果海子能活到今天，故地重游，不知他会写下什么文章。

山河表里

祁连山 ▲ ⛰

西宁　兰州　州

西宁
兰州 ▲▴

因着常去塔尔寺朝拜的缘故，西宁是整个藏区除了拉萨之外，我往返次数最多的城市。喜欢此地的人情美食，更爱此地的风光历史。有山有水的城市，总让人分外心悦，心情开阔，倘若这城池山水还有底蕴，那就更叫人流连了。

就算这一切都不存在，宗喀巴大师的诞生地——黄教六大寺庙之一塔尔寺的存在，也足以让我对此地升起恒久的归属感。

这座拥有塔尔寺的城，位于河湟谷地腹地，青海湖以东，东接秦陇，西近西域，北接祁连，南通蜀汉，素有"西海锁钥"和"海藏咽喉"之称。西平是它最早的名字，源于汉武帝派军击败羌人，令其退至青海湖附近。

自两汉以来，西宁逐步成为河湟地区的政治经济中心，当得起古城重镇之名。这古城如雄鹰，十六国时期，凡在河西割据立国称王者，莫不重视西宁，无不想驯服它，收为己用。丝绸之路和唐蕃古道的兴盛，造就了它明媚辉煌的前史。传说中，文成公主由此入藏，回望故土，思乡之泪化作倒淌河，她在日月山摔碎宝镜，坚定了和亲的心意。

为了边陲安宁，将士们马革裹尸，被选中女子纵然悲切，也责无旁贷。和亲之路上，含泪别亲，自伤前途未卜的人，何止她一人呢？唐蕃古道漫漫，她走的不过是许多人走过的路罢了。在文成公主之前，还有另一位宗室之女被太宗封为弘化公主，嫁给了青海吐谷浑国主，在她之后，还有金城公主嫁入吐蕃。

当文成公主抵达西宁的时候，作为族姑母的弘化公主曾来相见、相送。她们聊了什么不得而知，有一点是肯定的，政治婚姻从来都不是奔着爱情去的，当中牵涉利益太多，若能凭智勇争取到相应的尊重已属大幸——早早想明白这一点，人生会豁然开朗许多。

数百年光阴过手，盛衰更替从不以人的意志为转移。繁盛如唐，骄横如吐谷浑都相继退场。转眼到了北宋，宋廷与西夏相争，宋借助吐蕃部落唃厮啰之力制衡西夏，后将唃厮啰都城青唐改名为西宁。

明初沿宋之称，设西宁卫屯兵于此，内扼西番，外控北虏，大量汉人随军涌入河湟。西宁多民族杂居的格局就此稳固。时人于此筑城修桥开渠，治理湟水发展农牧，西宁渐成"河

峨堡草原（才项当知 摄）

西巨镇",塔尔寺亦初建于此时。

终明之世，退据漠北的蒙古人始终是心腹大患。明王朝为此采取"多封众建，以夷制夷""拒虏抚番，隔绝虏番"的国策。西宁卫作为"内华夏外夷狄"的缓冲地带和藏地抚谕"诸番"的前哨阵地，战略地位不言而喻。可惜明王朝华夷之别太深，对少数民族诸多戒备，政策上并不能一视同仁，反而加剧了民族部落间的矛盾与冲突。

到了清康雍乾年间，西北边境先后有噶尔丹和罗卜藏丹津裂土争雄，西宁又再卷入战端。名为宁者，难得安宁。

边庭流血成海水，武皇开边意未已，回望历史，不免唏嘘于所谓兵家必争的荣耀背后长久的苦难、掩映的血光。取山河大地对弈，成青史百年功业。开疆的，拓土的，各有野心，守土的，平乱的，各有其责。人心善斗，欲望无尽，要经历无数厮杀，生灵涂炭，才肯有片刻反思，求一时安宁。

如果历史是一座巍峨圣城，这些斑驳古城就是筑就它的城墙，城墙残损需要修补，居于其中的百姓如砖似瓦，用后即弃，无人记取。

除却王昌龄的《从军行》，杜甫的《兵车行》也给我极深的印象，深到一到青海就想起："君不见，青海头，古来白骨无人收。新鬼烦冤旧鬼哭，天阴雨湿声啾啾。"

后来的诗圣，在当时只是落魄的小官，抑或是一只时常发出不祥之言的夜枭。他在咸阳桥边的悲歌，是悲悯的叹息，听起来却更像是对时代诅咒和讽刺，激起了征兵之人的愤怒。

然而后来的历史证明了杜甫的担忧是没错的。他到过天水，见过狼烟，再往前就是他向往的酒泉，可惜在当时，他没有办法继续深入青海了。

夏季的青海经常下雨，不过时间很短，短得像一声私语。在塔尔寺祈愿国泰民安，疫情消散，愿众生喜乐，长享太平。时至今日，西宁总算名副其实。

在所有的省会城市中，西宁和兰州距离最近。这两座城，因为祁连山的缘故，始终血脉相连、休戚与共。作为青海甘肃两省的界山，祁连山就面积而言，是青海境内多一些，就知名度而言，是甘肃的祁连山更高。青海境内——祁连山南——主要挨着柴达木盆地，人迹稀少，汉文化徘徊在祁连山东部的西宁一带，再难存进。而甘肃境内——祁连山北——早在汉代设立了河西四郡，玉门关和阳关的管辖范围更向西超过祁连山的最西端，深入了新疆。这是汉文化在当时所能抵达的极致。

祁连山像个慷慨的深谋远虑的父亲，将自然的丰饶和荒芜交给了生猛的青海，将人文的细腻和复杂托付给了端方的甘肃。

在西宁，我会为了一碗牛杂汤早起，在兰州，我能为了一碗牛肉面早起。说早也有限，老饕们津津乐道的头锅汤是决计赶不上的。不过无所谓，一大碗飘着萝卜撒了蒜苗加了辣子的牛肉汤已经足够让我神清气爽。作为一个大碗宽面爱好者，我习惯点韭叶和薄宽，而不是三细中的任何一细。身为一个游客，我可以做到点餐时不纠结，加肉时不迟疑，加辣更不含糊，对面大面小肉蛋双飞等暗语谙熟于心，丝毫不会给排队的人拖后腿。

等餐的间隙，闻着肉香咬着筷子，看店里的师傅拉面、煮面、盛汤是我乐此不疲的事，拉面师傅站在里面的案板前，面团在他手中灵活扭动，跳完这支掌中舞就英勇献祭汤锅。面条如蛟龙入海，被投入热气腾腾的汤锅，绝对不会失手掉地，煮面的师傅用尺长的筷子有条不紊地捞起煮好的面条，递给窗口的盛汤师傅。盛汤师傅舀汤加料，在我眼中就像点石成金的炼金士，只待过了他的手，一碗一清二白三红四绿五黄的牛大就会出现在我桌上了。

没错，想获得一个兰州人的认可，首先必须拎得清兰州拉面和牛肉面是两种东西，虽然同饮黄河水，但兰州人抵死不认青海化隆人推广至全国的兰州拉面，全体只认牛肉面，更彻底的认可，是跟着当地人一起称牛肉面为牛大！就是这么简单。

干掉一碗牛大去五泉早市逛一逛，就等于消食了。忍不住还是会买很多吃食，等于加餐。回民多的地方是很干净的，市场内干净整洁，果蔬琳琅满目，令人油然而生一种富有四海之感。我喜欢听兰州人叫卖，讨价还价也有趣。我是买东西不会还价的人，人家说多少就是多少，有时摊主反而会多给我一些，彼此都很开心。

西北人说话爽直，就着买菜听市声，也是日常乐趣。宾馆里不能做饭，所以我只挑选新鲜的果蔬。

作为一个口味南北皆通，口感里没有乡愁的人，我舌尖上的记忆绝不止步于江南，也常在岭南、西南，西北觅得良食之乐。我对兰州果蔬的好感由来已久。父亲早年去兰州出差，给我带回白兰瓜和百合。那瓜汁甜如蜜，好吃到让人失语，百合用来煮银耳或红（绿）豆沙，清腴软糯，有这两样风物加持，兰州在我心中美好到飞起。

那段时间父亲改抽兰州烟，我每次都会认真端看"兰州"两个字。觉得，兰州有着深情落拓的气质，仿佛是少年游侠，在风尘消磨中渐渐老去，又仿佛一枝兰花，开在关河深处，等故人归。

这当然是我的臆想。兰州是没有兰花的，百合倒是有名。兰州之名出自隋开皇元年（581），

卓尔山丹霞地貌（才项当知 摄）

最大的可能性是因为皋兰山。皋兰是匈奴语音译，和乌兰、贺兰一样，都有高峻接天的意思。

很多人误以为此地荒凉，工业污染重，劝我少去，我笑而不语，心说，不单会去，还会去很多次。早在品读边塞诗的时候，我就已经梦入兰州很多次。后来，无论是去西宁，还是去甘南、银川，我都会打从兰州过。一来二去，对这城的某些地方，熟悉得如邻里。

第一次到兰州时正是夏天，真是为了吃瓜而去的，结果得了莫大的愉悦和满足。比起江南的酷热，西北简直是天堂，一方面日晒长，热情如火，一方面体感凉，舒爽宜人。且日照时间长，感觉一天白白赚了许多时间。

去大众巷吃晚餐，再去正宁路夜市吃夜

宵，冰羊肉、浆水面、灰豆子、热晶糕，可以从头吃到尾，临走还要打包一碗牛奶醪糟鸡蛋，有扫街的快感。

我莫名长了一个西北胃，且是"胃plus"。从很久之前开始，呼朋引伴去高原避暑就成了我的习惯。

在此生活过的人会知道，夏日的兰州是多么的明快，如少年般神采奕奕。在腾腾烟火的掩映下，那些在夜市上聚饮的人，会敛去现代人的气息，化身为古人，依稀仍是少年侠气，交结五都雄。轰饮酒垆，闲呼鹰嗾犬，白羽摘雕弓。晚上坐在黄河岸边，吹着风，抽一支兰州，像久远的士兵点起烽火，看着过往，照亮未来。

秦于黄河南岸置陇西郡、榆中县，防御

匈奴。汉置金城郡，抵御羌人，在卫青、霍去病率军夺取河西走廊的控制权后，汉武帝已着手布置兰州一带的防务，李息在此平定羌人之乱，夺取湟水谷地。此后的两汉，兰州拱卫关中的战略地位只升不降，近乎于陇右安，长安宁的程度。

"明犯强汉者，虽远必诛"是一句听起来很硬气，实则忽略客观事实的说法，有强烈的"顺我者昌，逆我者亡"的霸权意识。厉兵秣马，逐鹿天下，天下是天下人的天下，无论是匈奴还是羌人，都有进取扩张、争夺生存物资的权力。在汉人写的史书里，只有司马迁的笔触相对公正，不带明显的侮辱。

在周王朝的诸侯国眼中，统一六国的秦也一度被贬称为西戎。可正是游牧民族"以力为雄"的狼性一次次冲击重塑了汉文明孱弱的血骨。当我细看中国的历史版图时，始终不忍诋毁游牧民族的贡献。

严格说起来，祁连山真不算汉人的固有领土，除非你把大禹治水搬出来考证。早在设立河西四郡的千年之前，祁连山脉两侧，背风面阳的低海拔地区就已经是游牧民族赖以生存之地。夏季，这里水源丰沛，湿润多雨，是水草丰美的夏牧场，冬季则是适合过冬的"冬窝子"。

游牧民族的边界观念历来淡薄，否则当年成吉思汗横扫欧亚大陆也不会打完就走。汉要种地，羌要放牧，河湟地区以河湟谷地水草最为丰茂，如今落入汉人手中，夺回是应有之义。

河湟谷地上战火从未止息，黄河之水昼夜悲鸣。战至尸横遍野，白骨无人收是常有的事。评断战争的对错容易，衡量得失却难，无论胜败，都会生灵涂炭。

两汉处理兰州防务的大臣中，被历代史家赞誉的是老将赵安国。

与李广的峻烈操切不同，赵安国眼光长远，有勇有谋。天汉二年（公元前99）他随李广利出征，也就是在那场导致李广孙子李陵兵败被俘的会战中，汉军受困于大漠，他率敢死队突围，扭转了局面，他身负重伤，伤口惨烈的程度，令领军无能的国舅爷李广利也为之动容。年逾古稀时，他又临危受命，接下汉宣帝的旨意，驱驰兰州，安定边防。

面对作乱的羌人，赵安国没有大开杀戒，

而是采取了策反招抚、分化瓦解的方式，令双方的死伤减至最低，在他筹谋用兵之时，朝中求战之声大喧，甚至一度影响了汉宣帝的想法，汉宣帝急诏连连，在内外交煎的状况下，赵安国顶住压力，坚持不能一概而论，对所有羌人赶尽杀绝。

待边患平定，他及时上奏班师回朝，同时提出留兵屯田的政策。以兵为农，既守边城，亦实国库，他的决策活人无数，自此以后，汉羌和睦相处长达数十年，彼此没有发生过大的战端。这才是真正谙熟兵法，以战止杀的良将。一个真正的英雄，不在于打败了多少人，而在于拯救了多少人。

看多了一将功成万骨枯的故事，会对赵安国肃然起敬。边务能不能处理好，和主事大臣

绿绒蒿（才项当知 摄）

的行事与临事之决有莫大关系，边患多起于青蘋之末，许多明面上的摩擦误会皆暗藏着私心私利。《资治通鉴》里这样写道："皆由边将失于绥御，乘常守安则加侵暴，苟竞小利则致大害，微胜则虚张首级，军败则隐匿不言。军士劳怨，困于滑吏，进不得快战以徼功，退不得温饱以全命，饿死沟渠，暴骨中原；徒见王师之出，不闻振旅之声。酋豪泣血，惊惧生变。是以安不能久，败则经年……"

作为历经沙场的老将，赵安国能够始终心存仁爱，慎用兵戈，不以人命作为自己加官晋爵的筹码，是非常难得的。我想，那些像流萤一样奋战过的英烈，那些努力活在这片土地上的人，无分汉羌，皆会感念他的恩德。

在兰州，还会不可避免地想到一个人，

这满城的历史都与他有关。他就是曾任陕甘总督、经略西北、平定新疆的左宗棠。

　　有句开玩笑的话说，若不是左公当年力挽狂澜，收复失地。我们现在去新疆应该是要办签证的。同治年间，浩罕国将领阿古柏趁清政府处理内患无暇外顾之机，侵占新疆。沙俄趁火打劫，于1871年强占伊犁，并向准噶尔盆地渗透。当时，东南沿海防务迫在眉睫，李鸿章等人主张放弃新疆，集中全力加强海防，朝野之中意见不一，清廷举棋不定，就此事密询对西北防务最有见地的左宗棠，左公慷慨陈词，认为："东则海防，西则塞防，两者并重，不可偏废。"清廷遂以其为陕甘总督，钦差大臣，督办新疆军务，左公以兰州为大本营，运筹帷幄，挥师新疆。

如此坚定由来有因。

那是很多年前的事了，卸任云贵总督的林则徐在从云南回福建老家的路上转道湖南，在湘水上作了短暂停留。名满天下的林公到了岳麓山，前来拜会的人不可胜数，而林公心中想见的只有一个人，那就是左宗棠。

传说中，左公也很兴奋，他从百里之外的湘阴赶来，登船时竟激动到不慎落水。那是他们一生中唯一的一次相见。

一夕之谈，相见恨晚。

阅人无数的林则徐相信，37岁的左宗棠会是经略西北的最佳人选，虽然他当时还只是一名举人。后来左宗棠回忆道："是晚乱流而西，维舟岳麓山下。同贤昆季侍公饮，抗谈今昔。江风吹浪，柁楼竟夕有声，与船窗人语互相响答。曙鼓欲严，始各别去。"

谈及新疆形势，林公云："终为中国患者，其俄罗斯乎?！吾老矣，空有御俄之志，终无成就之日，数年来留心人才，欲将此重任托付。东南洋夷，能御之者或有人；西定新疆，舍君莫属！"林公将自己流放新疆时整理的笔记地图，倾囊相赠，希望他眼中的惊世之才能够替他完成未竟的事业。是年11月，66岁的林则徐病逝。

"出师未捷身先死，长使英雄泪满襟。"

一期之会，竟成绝响。然诺重，君须记。37岁时，左宗棠应下了林公的嘱托，68岁时，他抬棺出征，仅用三年时间就收复除伊犁地区之外的所有失地，选湘军名将刘锦棠接任善后，收复全境，乃至完成新疆建省，终不负青史不负君。

后左公自兰州调任福建督办军务，病逝于福州，正是林公的老家，这段延续了半生、惺惺相惜的因缘，亦算圆满。

常随着左公的遗迹在城中游走，遥想他当年驻跸兰州，苦心经营。桩桩件件，都实足用心。

兰州本是胡汉交杂、多族混居，甚难治理之地，犹如一座悬崖上的城市，盛世易乱，乱世更乱。左公在给人的信中自陈："天下事总要有人干，国家不可无陕甘。陕甘不可无总督，一介书生，数年任兼折，岂可避难就易哉！"

敏锐如左宗棠，自然会发现这城周边民乱迭起，躁动不安的因子像空气中的湿气一样，随时会化作一场防不胜防的风暴，面对困境，他选择的是以军治乱，以文养民。从文教开始凝聚提振人心。

　　甘肃自陕西划出，自成一省，兰州成为省会，是清康熙五年（1666）的事，然经200余年，甘肃乡试依旧与陕西合闱，士子们诸多不便，左公就任陕甘总督后，奏请清廷允准甘肃分乡试取士，并分设学政，自此兰州才有举院。兰州举院形制一如北京贡院，由地方募捐筹款白银50万两，外筑城垣，内建棘闱（试院）；中为至公堂，前为明远楼，左右为南北号房。以楼为轴心，四周建堂、署、厅、所、廊、场、池、桥等数十处，可容士子7000余人。

　　光绪元年（1875），举院落成，甘肃首次举行乡试，这对甘肃士子而言是改变命运的一年，应考的士子有3000之众，较以往赴西安者多出二三倍。左公奏请朝廷简派考官，自己也以陕甘总督身份入闱监考，甘肃从此开始分闱乡试。

在创建举院的同时，他不断奏请增加府州贡院岁试、科试学额和乡试取士名额，整顿学政，修葺书院，增办义学，刊印书籍，同时严令军旅不得侵占书院义学，使三陇文风蔚起。

一座饱经战乱摧折的城市，纵然有再硬的筋骨，也需要疗伤和喘息，左宗棠是引领兰州从战乱中重生的人。除了顺应时势在兰州创办机器局和织呢局，开西北近代工业之先河，他还做了许多细致实事，对外组织军民整修陕、甘、新三省驿道，广植榆柳，使其交通便利，对内招抚流民，修葺兰州城池，引黄河水入城，方便市民灌溉取用；同时贷出协饷库银，

峨堡草原（才项当知 摄）

协助百姓在旱地铺沙（砂），改良土地，还支持百姓牧畜。

铁腕平乱的同时，他尊重少数民族风俗习惯，保护回民清真寺，兴办回民义学；还下令全境禁种鸦片，提倡种棉，种种举措，都是为长远计。

为纪念左公恩德。兰州人在文庙东侧建"左文襄公祠"，今已不存。每行至此，总要驻足，为左公的心胸气度击节称叹。他一生的作为，称得上湖南人所说的"出得湖"，湖乃是洞庭湖，湖上有一座楼，名为岳阳楼，范文正公写下的《岳阳楼记》奠定了北宋之后中国士人的风骨："居庙堂之高则忧其民，处江湖之远则忧其君……先天下之忧而忧，后天下之乐而乐。"

道光之后的历史，读来令人扼腕。满目疮痍，都是割地赔款、丧权辱国的记载，唯有左宗棠经略西北是例外。他之于曾国藩或有瑜亮情结，誓要与之一较高下，于国于民确是鞠躬尽瘁。

当湘人本色遇上了西北豪壮，这天地都会为之低昂，犹如腐草为萤一般，就算朝生夕死，时不我待，就算时局限我，积重难返，仍要尽我所能，试手补天裂。

兰州是我一直想落笔的古城，风土人情皆有况味值得细品。在写过的小说《日月》里，我让男主角长生重走唐蕃古道，行经兰州，只为再听一次黄河的涛声。

两山夹峙，一河奔流，千年的繁华沧桑就在山与河的较量中不动声色地过去了。许是铁血的历史和大陆性气候的共同打磨，兰州的城市性格反差转折十分强烈，是激烈与温厚，热情与冷肃并存的。

在兰州，时时可见黄河，其城中一年中的重要节俗——立春和冬至，皆与黄河之解冻、封冰息息相关。黄河冰凌是我一直想目睹的奇观，可惜因为气温变化和水库的存在，早就不复得见。就连羊皮筏子和浮船，如今也近乎绝迹。

文献记载，明清以来，兰州形成拆、建镇远浮桥，平整冰桥，祭祀河神的重要民俗。镇远浮桥是明清时期沟通中原和西北的重要孔道。时人于黄河两岸各栽两根铸铁"将军柱"，固定两条铁索链，维系二十四条木船，置有桥板、栏杆，以通商旅行人，浮桥每年结冰前要拆除，以防被黄河的巨冰冲毁。来年开春时再重新搭建。搭建时，要宰羊杀猪，官民同至宣读祭文，祝祷河神，拆除时亦然。

黄河封冰之前，兰州府会派遣工匠拆除镇远浮桥，封冰次日，再派工匠整成一条平坦的冰道，铺上黄土，谓之"冰桥"。"冰桥"平整后，一众地方官员会到黄河岸边举行祭祀河神，祈求保佑人马平安。

看到黄河，有时会想起开封，这两座城的兴衰，都与黄河有关，因缘却大不相同。

开封的历史脱不开"因水而兴，因水而废"八个字，黄河入开封之后地势平缓，水流缓慢，沙淤河身。元代前期，黄河向南由涡水等支流夺淮入海，后来河道逐渐北移，以商丘至徐州入泗水为正流。曾经的"漕运四渠"相继淤塞，不能继续为开封城提供源源不断的物资供给。开封由此不通漕运，以致人口规模与经济地位大不如前。

兰州则另有一番机缘，黄河自巴颜喀喇山北麓奔流而下，流经甘陕黄土高原，东入渤海，一路所经城池甚多，论到穿城而过，又不为害的，惟兰州而已。"黄河是中国的母亲河"这句话很煽情，也未必准确，黄河就算是母亲也是难伺候的母亲。

对某些城市而言，黄河是性情暴烈的巨龙，难驯之极，豫东、皖北、鲁南、苏北皆是它的肆虐之地。对于兰州，黄河却是真正的生命之源，恩慈并用，如父如母。

自明肃王移藩兰州以来，大量东南移民涌入，兰州由此得到超越前代的发展契机，时人

八一冰川（卓玛措 摄）

凿三渠引阿干河水灌溉，以及本地人断续对兰州水车的改造，使得兰州尽得黄河水利之便，两川之地渠水弯曲，杨柳夹岸，宛若江南。园圃兴盛，百姓乐于瓜果蔬菜的种植，兰州自此有瓜果城之美誉。

历史上，兰州兵燹频繁，数被围城，有时长达数年，因有黄河，虽有粮荒之险，却无饮水之虞。得黄河水滋养，又兼山川形胜之利，故得名金城。

自汉以来，河西雄郡以金城为最，兰州的历史雄浑浩荡，慷慨壮烈，越是顾念往昔，兰州在我心中，越是有不可言说的寥落。这寥落与开封烟花散尽后的如梦之梦不同，它像是保家卫国，却未得到公正的评价和对待的志士，只能长歌当哭，独自承担孤独。

　　北楼西望满晴空，积水连山胜画中。湍上急流声若箭，城头残月势如弓。在兰州的夜晚，开一瓶黄河啤酒，第一杯敬山、第二杯敬黄河，第三杯礼敬岁月沧桑。我会常来，铭记此地的风光。

大事记

2017 年

9月1日，中共中央办公厅、国务院办公厅印发《祁连山国家公园体制试点方案》。

2017 年

3月13日，中央经济体制和生态文明体制改革专项小组召开会议，决定在祁连山开展国家公园体制试点。

2018 年

10月29日，祁连山国家公园管在兰州挂牌成立。

2018 年

11月30日，祁连山国家公园青海省管理局挂牌成立。

2020 年

6月28日，国家林业和草原局印发《祁连山国家公园总体规划（试行）》。

2018 年

11月1日，祁连山国家公园甘肃省管理局在兰州挂牌成立。

山河表里

祁　连　山　▲

附录

植被　冰川　野生动物

祁连山位于青藏高原东北部，地跨甘肃、青海两省，是我国西部重要生态安全屏障和重要水源产流地，也是我国重点生态功能区和生物多样性保护优先区域。祁连山阻止腾格里、巴丹吉林、库姆塔格三大沙漠南侵，阻挡干热风暴直扑"中华水塔"三江源，在全国生态文明建设和生态安全保护上发挥着重要的作用。

地处青藏高原东北部边缘，由一系列西北
至东南走向的高山、沟谷和山间盆地组成。山
地南北两侧和东部相对起伏较大，平均海拔
3000米以上，最高山峰——疏勒南山的团结峰
海拔5808米；山间盆地和宽谷平均海拔3000米
以上；多年冻土的下界高程为3500～3700米，
大多数山地和河流上游发育有冰缘地貌。

　　植被类型多样，地带性分布特征明显。东段天然森林植被类型主要有青海云杉林、祁连圆柏林、油松林、青杆林、山杨林、桦树林等，人工林主要为杨树林、云杉林；灌木植被主要是由金露梅、银露梅、高山柳、箭叶锦鸡儿、杜鹃、柽柳、白刺、沙棘、膜果麻黄、小叶锦鸡儿等组成的灌木林和灌丛；

草原植被主要是由各种针茅、嵩草、早熟禾、披碱草、委陵菜、棘豆、芨芨草、冰草等组成的草原草地群落。西段主要植被类型海拔由低到高分布有红砂荒漠、合头草荒漠和嵩叶猪毛菜荒漠植被、沙生针茅、多根葱草原植被、紫花针茅高寒荒漠草原、扁穗冰草高寒荒漠草原植被和矮嵩草草甸、粗壮嵩草草甸、线叶嵩草草甸，垫状蚤缀、红景天和风毛菊（雪莲）组成的垫状植被。

主要分布在祁连山主脉与支脉脊线两侧，集中分布区域主要在疏勒南山团结峰地区。是河西走廊乃至西部地区生存与发展的命脉，也是"一带一路"重要的经济通道和战略走廊，承载着联通东西、维护民族团结的重大战略任务。

分布有国家一级保护野生动物雪豹、白唇鹿、马麝、黑颈鹤、金雕、白肩雕、玉带海雕等15种、国家二级保护野生动物阿尔泰盘羊等39种。

图书在版编目（CIP）数据

山河表里：祁连山 / 安意如著. —— 北京：
中国林业出版社, 2021.9

ISBN 978-7-5219-1273-9

Ⅰ. ①山… Ⅱ. ①安… Ⅲ. ①祁连山—国家公
园—介绍 Ⅳ. ①S759.992.42

中国版本图书馆CIP数据核字(2021)第144985号

责任编辑　孙　瑶
装帧设计　刘临川
出版发行　中国林业出版社（100009 北京
　　　　　西城区刘海胡同 7 号）
电　　话　010-83143629

印　　刷　北京博海升彩色印刷有限公司
版　　次　2021 年 9 月第 1 版
印　　次　2021 年 9 月第 1 次
开　　本　787mm×1092mm　1/32
印　　张　5.75
字　　数　55 千字
定　　价　55.00 元